格致方法·定量研究系列 吴晓刚 主编

自助法：一种统计推断的非参数估计法

[美] 克里斯托弗·Z.穆尼(Christopher Z.Mooney)
罗伯特·D.杜瓦尔(Robert D.Duval) 著
李兰 译 李忠路 校

SAGE Publications, Inc.

格致出版社 上海人民出版社

图书在版编目(CIP)数据

自助法:一种统计推断的非参数估计法/(美)克里斯托弗·Z.穆尼,(美)罗伯特·D.杜瓦尔著;李兰译.—上海:格致出版社:上海人民出版社,2017.1
(格致方法·定量研究系列)
ISBN 978-7-5432-2713-2

Ⅰ.①自… Ⅱ.①克… ②罗… ③李… Ⅲ.①非参数统计-研究 Ⅳ.①O212.7

中国版本图书馆CIP数据核字(2017)第017219号

责任编辑 张苗凤

格致方法·定量研究系列

自助法:一种统计推断的非参数估计法

[美]克里斯托弗·Z.穆尼 罗伯特·D.杜瓦尔 著
李兰 译 李忠路 校

出 版	世纪出版股份有限公司 格致出版社 世纪出版集团 上海人民出版社 (200001 上海福建中路193号 www.ewen.co)	**印 刷**	浙江临安曙光印务有限公司
		开 本	920×1168 1/32
		印 张	4
	编辑部热线 021-63914988 市场部热线 021-63914081 www.hibooks.cn	**字 数**	68,000
		版 次	2017年3月第1版
发 行	上海世纪出版股份有限公司发行中心	**印 次**	2017年3月第1次印刷

ISBN 978-7-5432-2713-2/C·166 定价:28.00元

出版说明

由香港科技大学社会科学部吴晓刚教授主编的“格致方法·定量研究系列”丛书，精选了世界著名的 SAGE 出版社定量社会科学研究丛书，翻译成中文，起初集结成八册，于 2011 年出版。这套丛书自出版以来，受到广大读者特别是年轻一代社会科学工作者的热烈欢迎。为了给广大读者提供更多的方便和选择，该丛书经过修订和校正，于 2012 年以单行本的形式再次出版发行，共 37 本。我们衷心感谢广大读者的支持和建议。

随着与 SAGE 出版社合作的进一步深化，我们又从丛书中精选了三十多个品种，译成中文，以飨读者。丛书新增品种涵盖了更多的定量研究方法。我们希望本丛书单行本的继续出版能为推动国内社会科学定量研究的教学和研究作出一点贡献。

总序

2003年，我赴港工作，在香港科技大学社会科学部教授研究生的两门核心定量方法课程。香港科技大学社会科学部自创建以来，非常重视社会科学研究方法论的训练。我开设的第一门课“社会科学里的统计学”(Statistics for Social Science)为所有研究型硕士生和博士生的必修课，而第二门课“社会科学中的定量分析”为博士生的必修课(事实上，大部分硕士生在修完第一门课后都会继续选修第二门课)。我在讲授这两门课的时候，根据社会科学研究生的数理基础比较薄弱的特点，尽量避免复杂的数学公式推导，而用具体的例子，结合语言和图形，帮助学生理解统计的基本概念和模型。课程的重点放在如何应用定量分析模型研究社会实际问题上，即社会研究者主要为定量统计方法的“消费者”而非“生产者”。作为“消费者”，学完这些课程后，我们一方面能够读懂、欣赏和评价别人在同行评议的刊物上发表的定量研究的文章；另一方面，也能在自己的研究中运用这些成熟的方法论技术。

上述两门课的内容，尽管在线性回归模型的内容上有少量重复,但各有侧重。“社会科学里的统计学”从介绍最基本的社会研究方法论和统计学原理开始,到多元线性回归模型结束,内容涵盖了描述性统计的基本方法、统计推论的原理、假设检验、列联表分析、方差和协方差分析、简单线性回归模型、多元线性回归模型,以及线性回归模型的假设和模型诊断。“社会科学中的定量分析”则介绍在经典线性回归模型的假设不成立的情况下的一些模型和方法,将重点放在因变量为定类数据的分析模型上,包括两分类的 logistic 回归模型、多分类 logistic 回归模型、定序 logistic 回归模型、条件 logistic 回归模型、多维列联表的对数线性和对数乘积模型、有关删节数据的模型、纵贯数据的分析模型,包括追踪研究和事件史的分析方法。这些模型在社会科学研究中有着更加广泛的应用。

修读过这些课程的香港科技大学的研究生,一直鼓励和支持我将两门课的讲稿结集出版,并帮助我将原来的英文课程讲稿译成了中文。但是,由于种种原因,这两本书拖了多年还没有完成。世界著名的出版社 SAGE 的“定量社会科学研究”丛书闻名遐迩,每本书都写得通俗易懂,与我的教学理念是相通的。当格致出版社向我提出从这套丛书中精选一批翻译,以飨中文读者时,我非常支持这个想法,因为这从某种程度上弥补了我的教科书未能出版的遗憾。

翻译是一件吃力不讨好的事。不但要有对中英文两种语言的精准把握能力,还要有对实质内容有较深的理解能力,而这套丛书涵盖的又恰恰是社会科学中技术性非常强的内容,只有语言能力是远远不能胜任的。在短短的一年时间里,我们组织了来自中国内地及香港、台湾地区的二十几位研究生参与了这项工程，他们当时大部分是香港科技大学的硕士和博士研究生，受过严格的社会科学统计方法的训练，也有来自美国等地对定量研究感兴趣的博士研究生。他们是香港科技大学社会科学部博士研究生蒋勤、李骏、盛智明、叶华、张卓妮、郑冰岛，硕士研究生贺光烨、李兰、林毓玲、肖东亮、辛济云、於嘉、余珊珊，应用社会经济研究中心研究员李俊秀；香港大学教育学院博士研究生洪岩璧；北京大学社会学系博士研究生李丁、赵亮员；中国人民大学人口学系讲师巫锡炜；中国台湾"中央"研究院社会学所助理研究员林宗弘；南京师范大学心理学系副教授陈陈；美国北卡罗来纳大学教堂山分校社会学系博士候选人姜念涛；美国加州大学洛杉矶分校社会学系博士研究生宋曦；哈佛大学社会学系博士研究生郭茂灿和周韵。

参与这项工作的许多译者目前都已经毕业，大多成为中国内地以及香港、台湾等地区高校和研究机构定量社会科学方法教学和研究的骨干。不少译者反映，翻译工作本身也是他们学习相关定量方法的有效途径。鉴于此，当格致出版社和 SAGE 出版社决定在"格致方法·定量研究系列"丛书中推出另外一批新品种时，香港科技大学社会科学部的研究生仍然是主要力量。特别值得一提的是，香港科技大学应用社会经济研究中心与上海大学社会学院自 2012 年夏季开始，在上海(夏季)和广州南沙(冬季)联合举办《应用社会科学研究方法研修班》，至今已经成功举办三届。研修课程设计体现"化整为零、循序渐进、中文教学、学以致用"的方针，吸引了一大批有志于从事定量社会科学研究的博士生和青年学者。他们中的不少人也参与了翻译和校对的工作。他们在繁忙的学习和研究之余,历经近两年的时间,完成了三十多本新书的翻译任务,使得“格致方法·定量研究系列”丛书更加丰富和完善。他们是:东南大学社会学系副教授洪岩璧,香港科技大学社会科学部博士研究生贺光烨、李忠路、王佳、王彦蓉、许多多,硕士研究生范新光、缪佳、武玲蔚、臧晓露、曾东林,原硕士研究生李兰,密歇根大学社会学系博士研究生王骁,纽约大学社会学系博士研究生温芳琪,牛津大学社会学系研究生周穆之,上海大学社会学院博士研究生陈伟等。

陈伟、范新光、贺光烨、洪岩璧、李忠路、缪佳、王佳、武玲蔚、许多多、曾东林、周穆之,以及香港科技大学社会科学部硕士研究生陈佳莹,上海大学社会学院硕士研究生梁海祥还协助主编做了大量的审校工作。格致出版社编辑高璇不遗余力地推动本丛书的继续出版,并且在这个过程中表现出极大的耐心和高度的专业精神。对他们付出的劳动,我在此致以诚挚的谢意。当然,每本书因本身内容和译者的行文风格有所差异,校对未免挂一漏万,术语的标准译法方面还有很大的改进空间。我们欢迎广大读者提出建设性的批评和建议,以便再版时修订。

我们希望本丛书的持续出版,能为进一步提升国内社会科学定量教学和研究水平作出一点贡献。

吴晓刚

于香港九龙清水湾

目 录

序

长期以来，由于非参数估计不需要做正态分布的假设，因此非参数统计在社会科学研究中一直备受关注。简·狄更生·吉本斯(Jean Dickinson Gibbons)写的《非参数统计简介》(*Nonparametric Statistics: An Introduction*，本丛书第90册)和《相关关系的非参数测量》(*Nonparametric Measures of Association*，本丛书第91册)介绍了许多单变量和双变量的“分布任意”(distribution-free)的统计量。穆尼和杜瓦尔这两位教授执笔的本专著所介绍的推断方法与经典的参数估计方法不同。自助法利用计算机从原样本中“重新抽取”(resample)大量的新样本，通过这些新样本得到一个统计量抽样分布的估计。(根据作者介绍，我们可以利用蒙特卡洛法从一个样本量为50的原始样本中有放回地抽取1 000个样本量为50的随机样本，计算每一次的$\hat{\beta}$值。这1 000个$\hat{\beta}$的频率分布将组成抽样分布的估计。)然后,我们再利用这个估计的抽样分布(而不是事先假设的分布)来做总体推断,例如推断β值是否不为0。

因此,当统计量的潜在抽样分布不能假设为正态分布,且利用普通最小二乘法(ordinary least squares,简称OLS)估计回归系数得到的残差有偏时,我们可以利用自助法来估计。当没有可用的分析方法来分析抽样分布(如两个样本中位数之差的估计)时,我们也可利用自助法来估计。在这些情况下,我们不能用传统方法来估计置信区间(和做显著性检验),而可能倾向于利用以下四种自助置信区间法(bootstrap confidence interval methods):正态近似法(normal approximation),百分位法(percentile),偏差矫正百分位法(bias-corrected percentile),或百分位t法(percentile-t)。虽然每种方法都有各自的优缺点,这在本书中有详细的讨论,但穆尼和杜瓦尔稍稍倾向于百分位t法,至少当主要目标是假设检验的精确性时。而且,即使分析人员最终依赖于传统的推断方法,他们也可利用自助法来评估某些模型假设是否不成立。

作者运用许多真实数据来举例说明自助法。这些例子包括美国各州的石油生产、标准都市统计区(SMSA)的人均个人收入、美国人争取民主行动组织(Americans for Democratic Action,简称ADA)对国会成员的排名,以及立法委员会成员和整个立法机关的偏好的中位值之差。最后,在附录中,作者总结了怎样利用不同的软件包来应用这个计算机运算密集型方法。利用本书和恰当的计算机支持,分析人员应该能很容易地运用自助法做一些统计推断的探索。

迈克尔·S.刘易斯-贝克

前 言

我们在1991年7月美国北卡罗来纳州达勒姆举行的第八届政治学方法论会议上讨论过本书的各章节。我们非常感谢那次参会人员的有益评论，尤其感谢约翰·费里曼（John Freeman）、菲利普·A.施罗特（Philip A. Schrodt）、加里·金（Gary King）、道格·里弗斯（Doug Rivers）和梅尔·辛尼克（Mel Hinnich）。我们也非常感谢以下参与项目人员的辛勤工作：乔治·克劳斯（George Krause）、布拉德利·埃弗龙（Bradley Efron）、罗伯特·斯泰恩（Robert Stine）、基思·克雷比尔（Keith Krehbiel）、托马斯·J.迪西西欧（Thomas J. DiCiccio）、威廉·雅各比（William Jacoby）、迈克尔·刘易斯-贝克（Michael Lewis-Beck）和两位匿名评审。

第1章

简　介

定量社会科学研究的最基本任务是,利用从总体中抽取的样本得到的估计值 $\hat{\theta}$ 对总体参数 θ 做一个基于概率的统计推断。自助法是一种做这样推断的计算密集型非参数技术。自助法与传统参数推断方法的区别在于,前者利用大量的重复计算来估计一个统计量的抽样分布形状,而后者是通过很强的分布假设和分析公式来估计。基于此,研究人员可以在找不到可行的分析方法或假设不成立的情况下做相应的统计推断。因此,自助法本身不是一个统计量。更确切地说,它是一种利用统计量对总体参数进行推断的方法。但是,它与 z 检验和 t 检验这样的传统参数法存在本质差别。在过去 70 年里,社会科学领域一直教授的是传统参数估计方法。

自助法依赖于样本和其来源总体的类似程度。这里的中心思想是,我们要得出有关总体参数的结论,有时严格地根据样本比根据对此总体做可能不现实的假设要更好。为了生成一个统计量完整的抽样分布的经验估计,自助法需要非常多次有放回地“重抽样”数据。在统计推断中二次抽样并不新颖(例如Jones, 1956; McCarthy, 1969; Tukey, 1958),自助法新颖有趣的地方在于它通过使用丰富便宜的计算机资源,把这种抽样方法广泛地应用到许多统计量上。

为了理解自助法是什么以及它与传统参数统计推断的差异,我们首先必须弄清抽样分布这个概念。一个统计量 $\hat{\theta}$ 的抽样分布可理解为是根据一个样本计算的所有 $\hat{\theta}$ 可能值的相对频率,这个样本是从一个给定总体中抽取的,其样本量为 n(Mohr, 1990:13—28)。考虑到从总体中抽样是随机的,$\hat{\theta}$ 是一个随机变量,其抽样分布是 θ 的函数。下面我们举例来说明。从上社会学导论课的300位学生总体中抽取10个学生样本,计算这10个学生的IQ均值。这个样本均值的抽样分布将由从这个班级获得的每个可能IQ均值的概率组成。IQ均值为90或150的概率低些,而均值为120的概率高些。而且,这个分布可能有些右偏,因为相对于IQ非常低的学生来说,被学校录取的IQ非常高的学生更多。我们可以从这个班级无限地有放回地抽取10个学生样本,每次计算抽取的10个学生的IQ均值,得到一个IQ均值的频率分布,这个频率分布就构成了一个抽样分布。图1.1呈现了一个可能的抽样分布。

直观地看,这个抽样分布的形状和位置好像受到这个班级的整体IQ均值(θ)、这些IQ的离差和样本大小的影

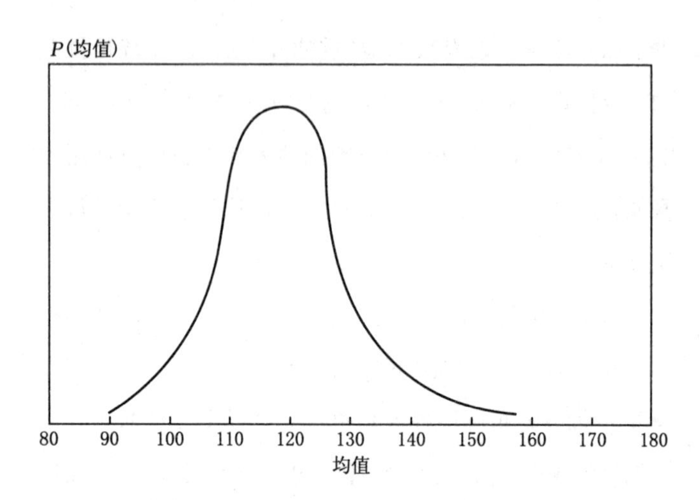

图 1.1 假想的社会学导论课上学生 IQ 均值的抽样分布($n = 10$)

响。当然,所有上过最基础统计课的研究生都知道确实是这样。然而,同样重要的是这些因素之间的关系随着统计量不同而不同。例如,即使样本量和总体相同,样本均值的抽样分布形状和样本中位数的也未必相同。

了解所有能影响 $\hat{\theta}$ 抽样分布形状的因素非常重要,因为正是这个抽样分布估计允许我们根据 $\hat{\theta}$ 推断 θ。一般来说,我们任选以下两种方法之一来做这些推断。第一种方法是,根据假定的 $\hat{\theta}$ 抽样分布以及 $\hat{\theta}$ 值的概率来检验有关 θ 的假设。第二种方法是,利用这个抽样分布生成一个以 $\hat{\theta}$ 为中心的区间,且有理由确信 θ 就落在这个区间里。对于这两种方法,抽样分布都是统计推断的核心。

自助法和参数推断的根本目的都是一样的:利用有限

的信息，估计统计量 $\hat{\theta}$ 的抽样分布，然后对总体参数 θ 进行推断。这两种推断方法的关键差异在于它们获得抽样分布的方式不同。传统参数推断使用事先假设的 $\hat{\theta}$ 分布形状，而自助法依赖样本和总体之间的类似性来估计 $\hat{\theta}$ 的整个抽样分布。例如，以样本均值为例，自助法把样本数据当作总体来使用，经验地构建一幅样本均值的抽样分布图。传统参数推断依赖中心极限定理。中心极限定理规定，在特定条件下，样本均值服从正态分布。虽然这点实际上不足一提，但鉴于参数推断在大部分有关样本均值实例中的影响力及其知名度，本书将大量地用到这种方法。当我们遇到抽样分布未知或难解决的统计量时，例如两个样本中位数之差或者残差非正态的 OLS 回归系数，自助法则显示出其最大的实用价值。

第1节 | 传统参数统计推断

在实际统计情形中，我们很少确切地知道 $\hat{\theta}$ 抽样分布的位置和形状。毕竟，我们如果有这类信息，就不需要根据有限的样本来推断了。相反，为了根据样本来推断总体，我们必须估计这个样本分布。完成这项工作的传统参数法是：先假定 $\hat{\theta}$ 抽样分布形状的概率特征已知（例如正态分布），然后估计那个抽样分布的参数（例如正态分布的均值和标准差）（Maritz, 1981:1; Tiku, Tan & Balakrishnan, 1986:iii）。

对于许多常用的统计量，例如样本均值和 OLS 回归系数，这些估计抽样分布的步骤常常是固定的。例如，有充分的理论依据相信，在特定条件下，样本均值是正态分布的，且这些条件很多时候都能得到满足。下面我们以包括10位女性的随机样本的平均身高分布为例来说明。如果我们假设在总体中女性身高是正态分布的（这是可能的），那么女性样本的平均身高的抽样分布也是正态的（Mansfield, 1986:237）。基于这个假设和推断，这个分布均值的估计值就是样本均值，$\bar{X}=\sum x_i/n$。这个样本分布标准差的估计值就是样本均值的标准差，$\hat{\sigma}_{\bar{X}}=\hat{\sigma}/\sqrt{n}$，其中$\hat{\sigma}$是这个潜在变量标准差的样本估计值。因此，如果我们随机抽取的10位女性的平均身高是5英尺9英寸，其标准差是3英寸，那么女性身高的样本均值的抽样分布估计（$n=10$）是(a)正态的，(b)以5英尺9英寸为中心，(c)这个分布的标准差为0.95(即$3/\sqrt{10}$)英寸。

我们一旦利用这个参数假设及其相关的分析公式来推断$\hat{\theta}$的抽样分布，就可以用它来推断θ。这可以通过以下步骤来完成：先假设θ的一个位置（对于$\hat{\theta}$的抽样分布，给定θ的假设位置），然后通过样本统计量及假设分布的概率表来检验这个假设。

假设我们想研究美国女性的平均身高μ是否等于5英尺6英寸。首先，我们构建原假设(null hypothesis)（拒绝或接受这个原假设将回答我们的研究问题）：总体均值等于5英尺6英寸。因为样本均值是总体均值的无偏估计，这个原假设意味着样本均值的抽样分布是以μ_0(5英尺6英寸)为中心，标准差为$\hat{\sigma}/\sqrt{n}$（0.95英寸）的正态分布。这个原假设如图1.2所示。

为了检验这个假设，我们根据样本数据计算$\bar{X}$，然后看给定在这个假设分布下$\bar{X}$等于μ的概率时，$\bar{X}$是否离假设的μ值太远（远近根据标准误来定）而拒绝原假设。我们

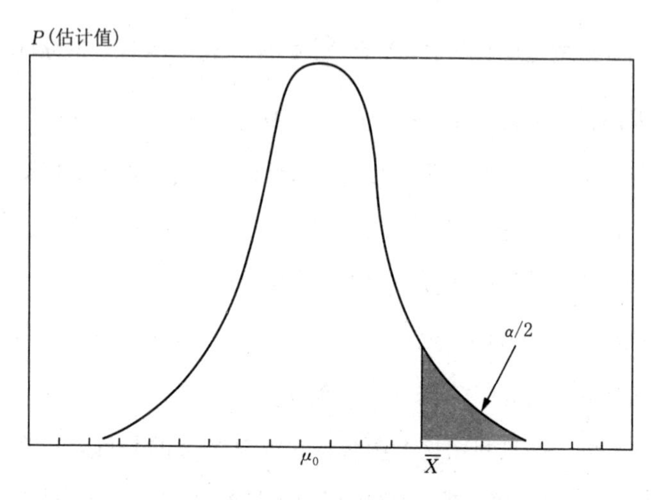

图 1.2 假定分布为正态的原假设

通过把假设的 μ 值和计算的 $\bar{X}$ 值之差进行标准化来完成这个假设检验。我们利用估计的 $\bar{X}$ 标准差和学生 t 表(student's t table)就可以推出 $\bar{X}$ 值的概率,据此判断假设的 μ 值是否是总体的真实值。在女性身高的例子中,如果 $\mu_0=5'6''$, $\bar{X}=5'9''$, $\hat{\sigma}_{\bar{X}}=0.95''$ 且 $n=10$, 那么:

$$t_{\text{observed}}=(5'9''-5'6'')/0.95''=3.16$$

因为自由度为 9、t 值为 3.16 的概率小于 0.025,我们可以拒绝原假设,推断美国女性的平均身高不是 5 英尺 6 英寸。

这个例子有两点与自助法的讨论有关。首先,参数 t 检验是对一个基于假定的 $\bar{X}$ 抽样分布 $[(\bar{X}-\mu_0)/\hat{\sigma}_{\bar{X}}\sim t_{df=n-1}]$ 的假设 $(\mu=\mu_0)$ 进行检验。如果这两个条件中任意一个没有满足,就会产生统计误差。例如,我们假设 $\bar{X}$

的抽样分布如图 1.2 所示，但实际上 $\bar{X}$ 的真实分布如图 1.3 所示。如果在总体中，美国女性的身高不是正态分布的，就会出现这种情况，因为我们从总体中抽取的是小样本。在给定的 α 水平，正态分布的假设将拒绝原假设。但是，我们如果知道真实分布，那也许就不会拒绝原假设了。

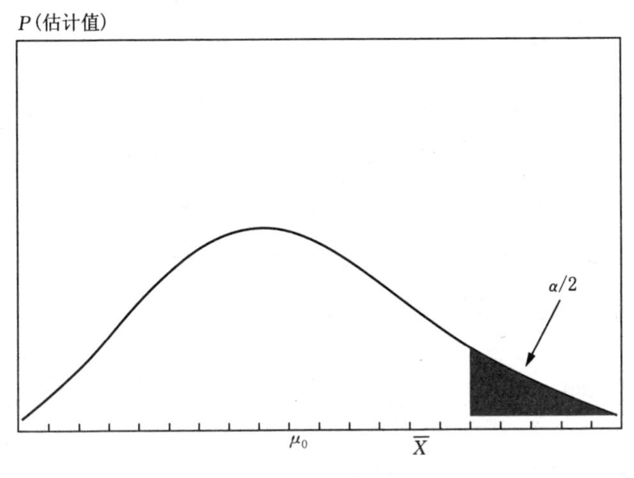

图 1.3 "真实的"抽样分布

因为我们实际上只关心 $\mu=\mu_0$ 这个假设，错误地评估关于总体均值的原假设的可能性随着参数假设 $(\bar{X}-\mu_0)/\hat{\sigma}_{\bar{X}}\sim t_{df=n-1}$ 不成立的概率增加而增加。也就是说，我们可得出以下结论：$\mu\neq\mu_0$ 要么是因为 $\mu\neq\mu_0$，要么是因为样本均值不遵循 t 分布。也就是说，我们不能对原假设做一个精确的概率结论，因为不知道拒绝真实值(第 I 类错误)的概率(α)或未能拒绝错误值(第 II 类错误)的概率(β)。

下面以美国各州的年石油产量为例,这个变量非常偏,因为它在0处截断且有几个州(得克萨斯州和阿拉斯加州)的年石油产量非常高。如果研究人员想利用一个包含20个州的样本来推断年平均州石油产量,那么假设 $\bar{X}$ 为正态分布的参数估计法就不合适了。图1.4是1985年平均州石油产量抽样分布的蒙特卡洛估计,其中 $n=20$。这个分布显然不是正态的,而且K-S检验(Kolmogrov-Smirnov test)也证实了这点。[1]在这个例子中,正态分布的假设将导致有关总体均值的假设检验得出错误的概率推断。在计算存在边界值的小样本汇总变量(aggregate variable)(例如人均收入,每年冲突次数或州国会代表规模等)的均值时,这种情形常常发生。

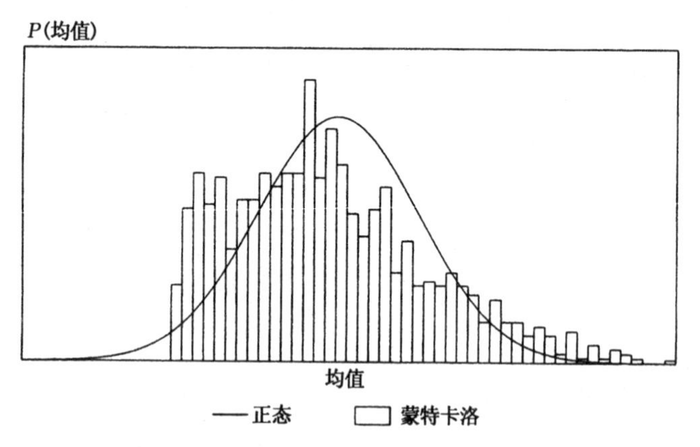

注:两个分布的均值和标准差相同。
资料来源:数据来自 Dye & Taintor(1991)。

图1.4　1985年平均州石油产量抽样分布的蒙特卡洛估计($n=20$;次数 $=5\,000$)

仅仅在极少数情况下，参数假设可以精确地估计 $\hat{\theta}$ 的抽样分布(DiCiccio & Romano, 1989; Efron, 1987)。一般情况下，参数方法只能大致地估计这个分布。这绝不是在谴责参数方法，因为这些近似的估计值常常也很好用。这里的重点在于指出在某些情况下，其他估计方法也堪比或胜比参数估计法。

在参数推断的讨论中涉及自助法的第二点是，参数推断也需要估计假设抽样分布的参数值，例如抽样分布假设为正态时的标准差和均值。也就是说，我们不仅需要知道假设 $\hat{\theta}$ 抽样分布的概率特征，而且需要获得这个分布参数的点估计。虽然样本均值已有很多分析公式来估计，但是一些统计量(例如两个样本中位值之差)没有类似的公式来估计，因此建议不使用参数推断法(Efron & Tibshirani, 1986:55)。[2]

传统的参数推断需要有关 $\hat{\theta}$ 的分布假设和可计算这个分布参数的方法。如果这两个条件中任意一条没有满足，那么在实际统计推断中将有潜在严重问题。例如，研究人员可能应用不适当的分布假设来估计感兴趣的统计量，这样可能会同时提高 α 和 β 的错误率，或提高其中一个。虽然按照常规，我们把 α 设定到我们可以接受第Ⅰ类错误的水平，分布假设的违反意味着真实的 α 水平与正态分布假设下我们选择的 α 水平存在很大差异。

如果参数推断的要求迫使研究人员仅仅因为某个不

理想的统计量的抽样分布已知而用来测量某个特征,那么这将引起另一种问题,即测量这个特征的偏差问题。例如,假设研究人员想研究两组人(例如国会专门委员会和其所属议院)的偏好中位值之差(Hall & Grofman, 1990; Krehbiel, 1990)。在这种情形下,理想的估计值是两个样本中位值之差,但这个统计量的抽样分布特征未知。[3]研究人员也许会采用两个样本均值之差来代替,因为在特定情况下这个统计量的抽样分布已知。问题在于根据样本均值之差对总体中位值之差作的任何推断都可能是没有说服力的。(第3章将进一步探讨这个问题。)

因此,传统参数推断方法有时并不理想。除了当我们能用一个已知抽样分布特性和易处理的参数函数的统计量很好地测量感兴趣的特征时,研究人员使用传统推断统计量时必须设定一个更大的误差率。

第2节 | 自助统计推断

自助法允许研究人员在不做以上很强的分布假设[4]且不需要计算抽样分布参数的分析函数的情况下做统计推断,因此可避免上述困境。自助法不是假设 $\hat{\theta}$ 的抽样分布形状,而是通过检验样本内统计量的变化来估计 $\hat{\theta}$ 的整个抽样分布。这里需要确认一点,自助法保持了与传统统计推断相同的模型结构,例如,自助线性回归仍然是线性回归。自助法仅仅是推断的原理不同。

基本的自助法是把样本当作一个总体来看,利用蒙特卡洛抽样法来生成统计量抽样分布的经验估计。$\hat{\theta}$ 的抽样分布被认为是根据从一个给定总体中抽取的样本量为 n 的无数个随机样本计算得到的统计量取值的分布。蒙特卡洛抽样法将这个概念进行实际操作,通过从总体随机抽取大量的样本量为 n 的样本,然后计算每个样本统计量的取值,从而得到这个抽样分布的估计。这个随机样本就是要估计的统计量随机项的经验仿真。这些 $\hat{\theta}$ 值的相对频率分布就是这个统计量的抽样分布估计。

真实的蒙特卡洛估计需要全面了解总体的信息，当然这在实际研究中通常是不可能的。一般来说，我们只有从总体中抽取的一个样本，这也是我们为什么一开始就需要根据 $\hat{\theta}$ 来推断 θ。

在自助法中，我们把样本当作总体，然后据此来做蒙特卡洛式仿真。这是通过从原始样本有放回地随机抽取大量样本量为 n 的"重取样本"(resample)来完成的。因此，虽然每个重取样本的要素数量与原始样本相同，但是通过有放回地重抽样，每个重取样本中可能有些原始数据点重复出现，而有些却根本没出现。因此，每个重取样本可能与原始样本存在随机的细微差异。而且，因为这些重取样本的要素存在细微差异，所以根据某个重取样本计算的统计量$\hat{\theta}^*$与根据另一个重取样本计算的$\hat{\theta}^*$可能存在细微差异，也可能与原始的 $\hat{\theta}$ 有细微不同。**自助法最重要的论断是根据重取样本计算的$\hat{\theta}^*$的相对频率分布就是 $\hat{\theta}$ 的抽样分布估计。**

下面我们更正式地说明一般的自助法步骤(Efron，1979：2—3；Efron & Tibshirani，1986：54—55；Hinckley，1988：322—324)。考虑一个单样本的例子，因为这个样本量为 n 的随机样本是从一个非特定的概率分布 F 中抽取的，所以 $X_i \sim_{ind} F$。一般情况下，X 是待检模型的随机项(例如，在样本均值模型中的变量，或在回归模型中的误差项)，x 是 X 的样本值。自助法的基本步骤如下所示：

1. 通过把 $1/n$ 的概率放置在 x_1, x_2, …, x_n 各点上,根据样本构建一个经验概率分布(empirical probability distribution) $\hat{F}(x)$。这是 x 的经验分布函数(empirical distribution function, EDF),其中 x 是总体分布函数(population distribution function) $F(X)$ 的非参数最大似然估计(maximum likelihood estimate, MLE)(Rohatgi, 1984:234—236)。[5]

2. 从这个经验分布函数 $\hat{F}(x)$ 有放回地抽取一个样本量为 n 的简单随机样本。这就是一个"重取样本" x_b^*。

3. 根据这个重取样本计算统计量 $\hat{\theta}$ 值,得到 $\hat{\theta}_b^*$。

4. 重复第 2 步和第 3 步 B 次,其中 B 是一个很大的数。B 的实际大小依赖于需要做的检验。一般情况下,要估计 $\hat{\theta}$ 的标准误,B 应该为 50—200 左右;要估计以 $\hat{\theta}$ 为中心的置信区间,B 至少应该为 1 000 (Efron & Tibshirani, 1986:sec. 9)。

5. 通过把 $1/B$ 的概率放置在 $\hat{\theta}_1^*$, $\hat{\theta}_2^*$, …, $\hat{\theta}_B^*$ 各点上,根据这 B 个 $\hat{\theta}_b^*$ 构建一个概率分布。[6]这个分布是 $\hat{\theta}$ 抽样分布的自助估计 $\hat{F}^*(\hat{\theta}^*)$。就像我们将在第 2 章讨论的那样,这个分布将用来推断 θ。

这个步骤的合理性依赖于样本经验分布函数和生成这个数据的总体分布函数的类似程度,及随机重抽样机制和这个过程随机项的类似程度。这个经验分布函数是未知分布 $F(X)$ 的非参数最大似然估计(Rao, 1987:162—166; Rohatgi, 1984:234—236)。也就是说,假定我们没有任何有关总体的其他信息,这个样本是这个总体的最好估计。[7]因此,我们把这个样本视作总体,利用蒙特卡洛抽样法根据原始样本生成一系列重取样本。这些重取样本类似于从 $F(X)$ 中得到的一系列独立随机样本。统计量 $\hat{\theta}$ 的抽样分布可以通过计算每个重取样本的 $\hat{\theta}$ 值来估计。当总体已知时,这个蒙特卡洛方法能直接应用到总体上(Noreen, 1989:chap. 3),但当只有一个样本已知时,我们要依赖于这个样本是总体的非参数最大似然估计这个事实。

下面利用一个简单的例子来说明这个步骤。虽然在很多情况下,我们可以不用自助法就能很轻易地估计样本均值 $\bar{X}$,[8]但是因为大家比较熟悉样本均值,所以我们把它作为一个非常好的例子来说明自助法。例如表 1.1 中的数据,第 2 列包括从一个标准正态分布的总体中随机抽取的 30 个个案。这是原始样本。第 3—6 列包括从这些数据中抽取的 4 个重取样本。最下面的行表示每列的均值和标准差。

注意,每个重取样本与原始样本存在一些不同。任何一个重取样本的值都来自原始样本,但在任何一个给定的重取样本中,原始样本的一些值多次被抽中,而一些值根

表 1.1 自助重抽样的例子

个案号	原始样本[a]	重取样本 1	重取样本 2	重取样本 3	重取样本 4
1	0.697	−0.270	−1.768	−0.270	−0.152
2	−1.395	0.697	−0.152	−0.152	−1.583
3	1.408	−1.768	−0.270	−1.779	−0.787
4	0.875	0.697	−0.133	2.204	−0.101
5	−2.039	−0.133	−1.395	0.875	−0.914
6	−0.727	0.587	0.587	−0.914	0.697
7	−0.366	−0.016	−1.234	−1.779	−0.727
8	2.204	0.179	−0.152	−2.039	−0.727
9	0.179	0.714	−1.395	2.204	−0.787
10	0.261	0.714	1.099	−0.366	−1.779
11	1.099	−0.097	−1.121	0.875	−0.787
12	−0.787	−2.039	−0.787	−0.457	−1.121
13	−0.097	−1.768	−0.016	−1.121	−1.583
14	−1.779	−0.101	0.739	−0.016	−0.914
15	−0.152	1.099	−1.395	−0.270	−1.234
16	−1.768	−0.727	−1.415	−0.914	−1.395
17	−0.956	−1.121	−0.097	−0.860	2.204
18	0.587	−0.097	−0.101	−0.914	−1.779
19	−0.270	2.204	−1.779	−0.457	−0.366
20	−0.101	0.875	−1.121	0.697	0.875
21	−1.415	−0.016	−0.101	0.179	2.204
22	−0.860	−0.727	−0.914	−0.366	2.204
23	−1.234	1.408	−2.039	0.875	−0.101
24	−0.457	2.204	−0.366	−1.395	−1.121
25	−0.133	−1.779	2.204	−1.234	2.204
26	−1.583	−1.415	−0.016	−1.121	−0.097
27	−0.914	−0.860	−0.457	1.408	−0.914
28	−1.121	−0.860	2.204	0.261	−0.101
29	0.739	−1.121	−0.133	−1.583	−1.779
30	0.714	−0.101	0.697	−2.039	0.714
均 值	−0.282	−0.121	−0.361	−0.349	−0.325
标准差	1.039	1.120	1.062	1.147	1.234

注：a. 生成原始样本的总体特征：$X \sim N(0, 1)$。

本没被抽中。例如,在重取样本 1 中,$x=-1.395$(原始样本中的第 2 个个案)没有出现。另一方面,$x=-0.860$(原始样本中的第 22 个个案)出现了两次。每个重取样本都来自原始样本,但它们都是不一样的。因此,每个重取样本的均值和标准差都不同,且与原始样本的均值和标准差也不同,虽然这些值都比较近似。

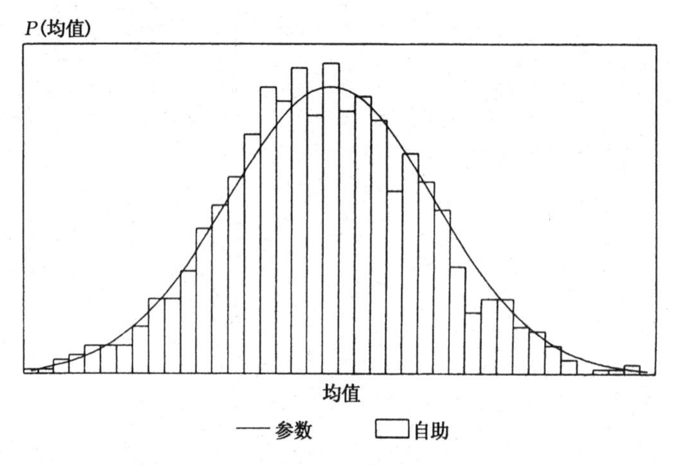

资料来源:数据来自表 1.1。

图 1.5 一个正态分布变量的样本均值的自助抽样分布和参数抽样分布 ($n=30$)

从原始数据抽取 1 000 个重取样本,每个重取样本计算一个均值。这 1 000 个重取样本的均值 $\bar{X}_b^*$ 的频率分布是这个样本量为 30 的变量的均值自助抽样分布估计。图 1.5 中的自助分布的正态形状被 K-S 检验所证实。[9] 这表明,这个自助抽样分布是 $\bar{X}$ 的潜在抽样分布的好的估计,因为我们有很好的理论依据相信这个统计量在这个情况下是正态分布的，这在前面讨论过了。

比较这个样本均值的自助抽样分布的特定特征和已知理论分布的特征将进一步证明 $\hat{F}^*(\hat{\theta}^*)$ 的准确性。表 1.2 列出了 $\hat{F}^*(\bar{X}^*)$ 及根据 $\bar{X}$ 的假设正态抽样分布分析得到的分布的一些汇总统计量。从表中可以看出，这些分布的标准误的期望值和估计值几乎是相同的。这些分布的第 2.5 个百分位值和第 97.5 个百分位值也非常相似。那么，各种标准都表明，这个自助抽样分布看起来就是我们所知统计量的真实抽样分布非常理想的估计。

表 1.2 表 1.1 的仿真数据均值的参数抽样分布和自助抽样分布特征

估计方法	$E(\bar{X})$	$\hat{\sigma}_{\bar{X}}$	第 2.5 个百分位值	第 97.5 个百分位值
参数法	−0.282	0.189 7	−0.653 8[a]	0.089 8[a]
自助法	−0.282	0.191 1	−0.654 4[b]	0.091 0[b]

注：$N=30$；$B=1\,000$。

a. 根据 $\bar{X}\pm z_{0.025}\hat{\sigma}_{\bar{X}}$ 计算得来。

b. 直接从图 1.5 所示的 $\bar{X}_b^*$ 的柱状图得到。

图 1.6 显示的是 1985 年美国 20 个州的各州总收入增长均值的自助抽样分布例子。这个图与图 1.5 类似，展现的是一个正态分布变量小样本均值的 $\hat{F}^*(\bar{X}^*)$。如同图 1.5 所示的仿真数据例子，这里的自助抽样分布与我们理论上期望的分布非常类似。

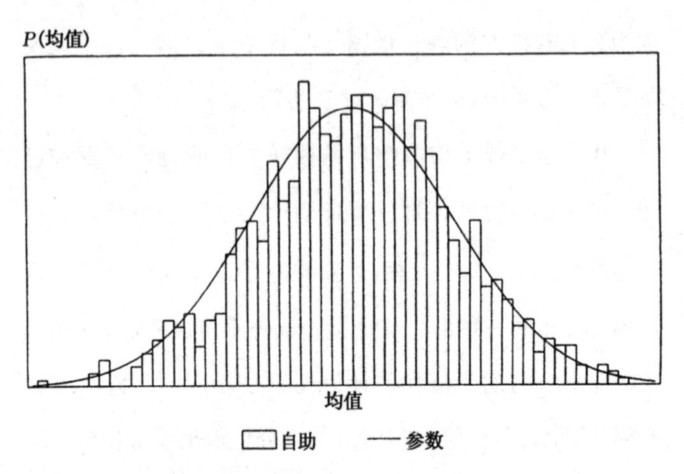

资料来源:数据来自 Dye & Taintor(1991)。

图 1.6　1985 年美国各州总收入增长均值的自助抽样分布和参数抽样分布($n = 20$)

当然,所有这些额外努力对于这些样本均值来说是没有必要的,因为传统参数方法已经给出了 $\hat{F}(\hat{\theta})$的一个很好的估计值,并提供了充分有效的推断检验。然而,这些例子有助于说明自助法的一般步骤和初步评价自助法的效果。因为关于样本均值抽样分布的特征,我们已有确凿的理论和经验证据,所以这是自助法非常好的初步检验。如表 1.2、图 1.5 和图 1.6 所示,这里自助法表现得很好。但是,自助法的实际应用只有在传统参数推断不适用的情况下才真正展现出来。我们将在第 3 章介绍几个相应的例子。

第 3 节 | 自助回归模型

同所有的统计量一样，传统参数推断方法是通过对给定数据做出一些成立或者不成立的假定来估计回归系数的。例如，高斯-马尔科夫理论(Gauss-Markov theorem)认为，如果模型的误差是正态分布的，那么 OLS 估计值也是正态分布的；而且，中心极限定理(central limit theorem)让我们确信如果样本量很“大”，那么误差就符合正态分布。然而，如果某个特定模型和数据不满足这些条件，那么关于 OLS 估计值的参数推断声明可能不准确。遇到这种情况，自助法可能非常有用(参见第 3 章)。

回归模型给介绍自助法步骤提供了一个非常有用的例子，因为作为一个多参数模型，它的随机项非常明显且不是嵌在一个像样本均值那样的被测变量中。这点非常重要，因为正是这个模型的随机项必须在自助法中重抽取，而且在自助回归模型中这点非常明确。

考虑一个标准线性回归模型：

$$Y = X\beta + \varepsilon \qquad [1.1]$$

其中 X 是一个外生变量的 $n\times k$ 矩阵,β 是回归系数的 $k\times 1$ 向量,Y 是因变量的 $n\times 1$ 向量。ε 是误差项的 $n\times 1$ 向量,也就是 Y_i 围绕 $\hat{Y}_i$ 的随机浮动项,$\hat{Y}_i$ 是给定一系列外生变量值得到的 Y 的预测值。

这个回归模型可以通过两种方式来自助。存在争议的是重抽样的数量。最直接的方法是仅仅重抽样数据中的所有个案;也就是说,重抽样数据矩阵的行。通过这种方式可以生成 B 个样本量为 n 的重取样本,每个重取样本估计一个回归模型。这将生成一个 $B\times k$ 自助回归系数矩阵,这个矩阵的每列包括 B 个 $\hat{\beta}_k^*$。通过在每个 $\hat{\beta}_k^*$ 点上设置 $1/B$ 概率,这些 $\hat{\beta}_k^*$ 能通过惯用方式转换为 $\hat{\beta}_k$ 的抽样分布估计。

这种方式的问题在于它忽视了回归模型的误差结构(Freedman, 1981, 1984)。重抽样的要点是模拟这个过程的随机项。像样本均值这样的简单样本统计量,这个随机项是嵌套在测量变量中的。但在回归分析中,这个过程更复杂。经典回归模型认为自变量是固定常数,因变量是这些固定常数和一个随机误差项的函数(Draper & Smith, 1981:7)。这个过程的唯一随机项就是误差项 ε_i,因此只有这项才能在自助法中重抽样。

然而,通过重抽样观察到的误差或残差来自助回归系数估计值比重抽样个案要更复杂些(Freedman, 1981;

Hall，1988a：37）。首先，我们从总体中抽取个案的一个简单随机样本来测量这些个案的自变量和因变量。然后，我们利用 OLS 来估计 β 值。利用这个估计值 $\hat{\beta}$ 及观察变量的值来计算残差：

$$\hat{\varepsilon}_i = Y_i - \hat{Y}_i \tag{1.2}$$

其中 $\hat{Y} = X\hat{\beta}$。然后，有放回地从这些残差中随机抽取一个重取样本。接下来，我们把这些重抽样得到的残差向量加到根据样本得到的期望因变量值向量上，得到这个重取样本的一个自助因变量向量。

$$Y_b^* = \hat{Y} + \hat{\varepsilon}_b^* \tag{1.3}$$

这些自助因变量值 Y_b^* 对这些（固定的）自变量进行一对一的个案回归，得到一个自助回归系数估计值 $\hat{\beta}_b^*$：

$$Y_b^* = X\hat{\beta}_b^* + \hat{\varepsilon} \tag{1.4}$$

从残差重取抽样到 $\hat{\beta}_b^*$ 估计值这个过程重复 B 次。每个重取样本的自助回归系数放在 $B \times k$ 矩阵的一行。如前所示，通过对某个给定参数 β_k，把 $1/B$ 概率设置在每个 $\hat{\beta}_b^*$ 值上，自助回归系数矩阵的每列能变换成 $\hat{\beta}_k$ 的抽样分布估计。

在重抽样个案和重抽样残差这两种方法之间做选择时，研究人员需要考虑模型的随机项。一般情况下，理论上最好重抽样模型的随机项。因此，大部分理论统计学家建议重抽样残差(Freedman, 1981, 1984; Hall, 1988a:37; Shao, 1988)。但是,在真实试验中自变量是能固定的(表明残差应该被重抽样),大部分社会科学家使用的不是试验数据(Stine, 1990:255)。例如,在大部分调查研究中,自变量的值和因变量的值一样,都是随机的。鉴于这点,在大部分社会科学分析中,重抽样个案可能是最合适的。当然,这个问题应该根据单个研究,并基于模型的随机项和所用数据来评估。

就像前面处理抽样均值那样,考虑自助双变量回归模型的例子,这个模型利用仿真和真实数据来做,且满足所有传统参数假设。在这个例子中,这一参数的抽样分布是真实抽样分布的好的估计,这样可以评估自助法是否能给出好的估计。我们利用仿真数据,分别通过参数方法和残差重抽样方法估计得到的抽样分布如图 1.7 所示,其特征如表 1.3 所示。因为生成这个数据是基于固定的自变量值,所以这里使用残差重抽样方法。这个回归系数的自助抽样分布与参数分布非常近似,就像前面讨论过的正态变量均值。这两种方法的期望值、标准差和关键百分位值非常相似。而且,因为我们有充分的理论依据相信,在这种情况下,参数估计分布是真实抽样分布的准确近似,所以我们可以说,这里自助法得到的估计与真实抽样分布非常近似。

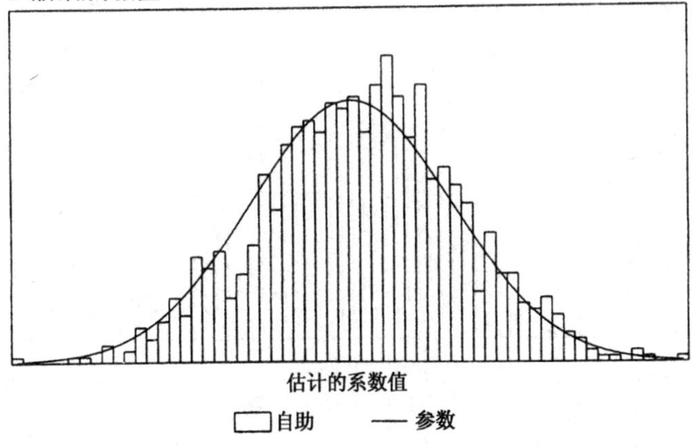

注:残差重抽样。

图 1.7 使用仿真数据得到的误差为正态分布的 OLS 回归斜率的抽样分布估计($n=30$)

表 1.3 所有假设被证实时的简单 OLS 回归系数的参数抽样分布和自助抽样分布特征(仿真数据)

估计方法	$E(\hat{\beta})$	$\hat{\sigma}_{\hat{\beta}}$	第 2.5 个百分位值	第 97.5 个百分位值
参数法	1.986	0.180	1.617[a]	2.355[a]
自助法	1.985	0.177	1.637[b]	2.332[b]

注:$N=30$;$B=1\,000$。总体特征:$\beta=2.0$,$\sigma_{\varepsilon}=0.25$。固定自变量值。残差重抽样。

a. 根据 $\hat{\beta}\pm t_{df=29;\,0.025}\hat{\sigma}_{\hat{\beta}}$ 计算得来。

b. 直接根据图 1.7 所示的 $\hat{\beta}_b^*$ 相应柱状图得到。

图 1.8 所示的是 1979 年 141 个统计上的标准大城市地区的人均收入对高中毕业生比例进行回归得到的系数的参数抽样分布和自助抽样分布(U. S. Bureau of the Census, 1979)。因为在这个例子中自变量的值不是固定

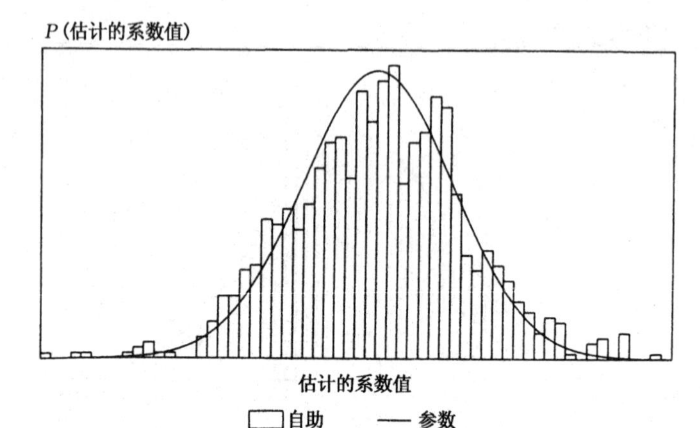

注:个案重抽样。
资料来源:数据来自美国人口普查(1979)。

图 1.8 人均收入对高中毕业生的百分比进行回归得到的 OLS 斜率的抽样分布

的,所以这里使用的是个案重抽样法。在这些数据中,误差是近似正态分布的,且满足其他 OLS 假设。如同均值的自助抽样分布那样,这个真实数据例子与其对应的仿真数据例子很相似(有点过高估计离差),这进一步表示在这种情形下 $\hat{F}^*(\hat{\theta}^*)$ 的准确性。虽然自助过程的随机项将导致图 1.7 和 1.8 所示的自助柱状图有些异常,在这两个例子中自助抽样分布都通过了 K-S 正态检验。

第4节 理论依据

到这里,讨论为什么自助法能像前面例子那样有效就非常重要了。这里的根本观点是如果样本是总体的很好近似,自助法将提供 $\hat{\theta}$ 抽样分布的很好近似(Efron & Stein, 1981)。这里讨论的理论争议不是关于技术方面的。关于这个问题技术方面的文献可参见 Singh(1981)、Bickel & Freedman(1981)、Freedman(1981)和 Efron(1987)。这节的主要目的在于给读者提供一些自助法的基本论据。

自助法步骤的合理性主要取决于:(a)总体分布函数和样本经验分布函数的类似程度;(b)随机重抽样机制和模型的随机项的类似程度。这些类似程度的理论依据基于两种渐近性。

第一,当原始样本规模(n)渐近总体规模(N)时,经验分布函数[$\hat{F}(x)$]渐近真实分布[$F(X)$](Bickel & Freedman, 1981; Singh, 1981)。这点很合逻辑,因为随着样本规模增加,样本包含总体中越来越多的信息,直到 $n=N$, $\hat{F}(x) \approx F(X)$。[10]在计算大部分统计量标准误的公式中，这点是显而易见的，因为它们和样本规模是成反比的。例如，$\hat{\sigma}_{\bar{X}}=\hat{\sigma}/\sqrt{n}$。

证明自助法一致性的第二种渐近性是指当 n 足够大使得 $\hat{F}(x)$ 近似 $F(X)$ 时，自助样本分布 $\hat{F}^*(\hat{\theta}^*)$ 在多大程度上精确地近似给定样本的 $F(\hat{\theta})$。巴布和辛格(Babu & Singh, 1983)证明了在这种情况下，当重取样本的数量 B 增加到无穷大时，$\hat{F}^*(\hat{\theta}^*)\approx F(\hat{\theta})$。此外，这类似于从总体中进行蒙特卡洛抽样得到样本分布的概念(Noreen, 1989：chap. 3)。在有放回的简单随机抽样中，重取样本将随机地异于原始样本，且根据这些重取样本计算得到的 $\hat{\theta}^*$ 也同样随机地异于原始 $\hat{\theta}$ 值。换句话说，当一个随机变量是作为 $\hat{\theta}$ 的函数而产生的，那么 $\hat{\theta}^*$ 的随机分布方式与 $\hat{\theta}$ 一样。重抽样模拟这个随机过程，而且当我们得到越来越多的重取样本时，这个过程将越来越近似。

因此，自助法的理论依据依赖于以下两个论断：(a)当原始样本规模增加到无穷大时，经验分布函数近似总体分布函数；(b)如果原始样本规模(n)足够大，那么当重取样本的数量(B)增加到无穷大时，$\hat{F}^*(\hat{\theta}^*)$ 近似原始估计值的抽样分布。

虽然一致性的数学证明对于任何统计过程都是很重要的依据，但对于研究人员来说，可行性的标准也需要考虑。n 和 B 到底要多大才能得到满意的结果呢？这个经验问题取决于要估计的统计量和要求的精度(Efron, 1979：

sec. 2)。B 的大小仅仅是计算要关注的问题,因为利用循环算法,严格上讲,它是一个程序运行时间的函数。然而,在大部分情况下,当 $B > 1\,000$ 时,$\hat{F}^*(\hat{\theta}^*)$作为 $F(\hat{\theta})$的估计值的改善程度就微不足道了(Efron & Tibshirani, 1986:sec. 9)。

然而,样本规模更成问题,因为它是一个项目试验设计的函数。一些试验人员难以接受对样本量为 10—20 的样本使用自助法得到的结果的精确性(Schenker, 1985),但其他研究人员却认为,即使对非常少的样本使用自助法得到的结果也没问题(例如 Bickel & Krieger, 1989; Efron, 1982:chap. 5; Stine, 1985)。然而,当 n 达到 30—50 且抽样过程真是随机的时候,很少人会质疑 $\hat{F}(x)$近似 $F(X)$的质量。因此,在大部分经验社会科学分析的范畴中,自助法是很实用的。

然而,这里会出现两个问题。最显而易见的问题是如果经验分布函数不是总体分布函数的好的近似,那么 $\hat{\theta}$ 抽样分布的自助法估计也将不精确。总体分布函数和经验分布函数不一致的原因可能是样本太少,或样本设计有偏,或仅仅是运气不好而已。这个问题可以通过样本规模、分层等方法使得抽样设计尽可能合理来解决。但是,一旦样本选好了,就难以利用非参数方法来改进经验分布函数和总体分布函数之间的拟合程度了。当然,如果已知总体或样本的一些先验信息,参数推断技术可用来改善样本的缺陷。例如,如果从过去的经验和理论得知 $\hat{\theta}$ 的抽样分布是正态的,那么这个信息就能纳入到分析中。但是,如果这些信息未知,那我们所能得到的总体分布函数的最好估计就是经验分布函数。自助法是充分利用总体包含在样本中的所有信息的最好估计方法。

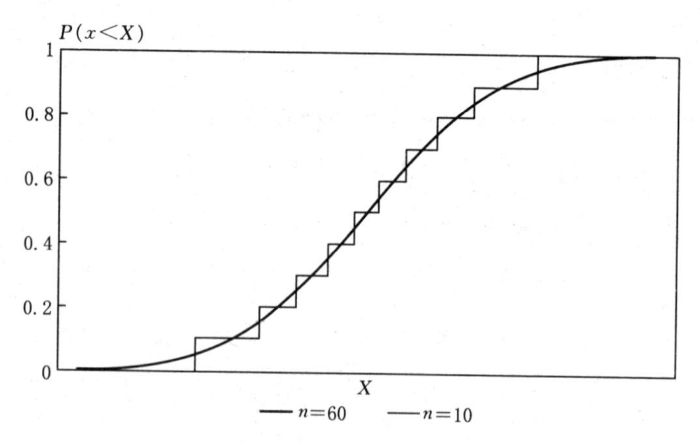

图 1.9 样本量不同的同一正态随机变量的累积分布函数

当我们使用经验分布函数作为总体分布函数的估计时,可能出现的第二个问题是总体分布函数对于连续变量来说是个连续函数,而经验分布函数却总是个离散函数。也就是说,虽然一个连续变量能取无穷个值,但是样本能取的值却总是有限的。例如,从表 1.1 的第 2 列所示的标准正态分布中随机抽取的 30 个值能构建成一个经验分布函数,但是当从一个值移到下一个最大值时,总是会出现一个“跳跃”,或者一些在总体分布函数存在的变量值在经验分布函数中不会出现。因此,尽管总体分布函数是光滑函数,但是经验分布函数呈现出阶梯形状。随着样本规模变大,经验分布函数的“阶梯”之间离得越来越近,函数变得越来越光滑,但是这个函数还是离散的。图 1.9 比较了从一个正态分布变量随机抽取的两个样本量分别为 10 和 60 的累积经验分布函数。我们从图中可以看出,随着样本规模增加,阶梯变得更光滑。

这种现象对自助法的影响实际上是,总体分布函数中未包含在分析中的值是经验分布函数的阶梯之间的值。如果包含在和不包含在经验分布函数中的那些值是随机均匀分布的,这应该不会影响结果的精确性。但如果事实并非如此(例如小样本或有偏样本),那么自助法的精确性将受到影响。正是在这种情况下,有些关于变量和估计值的先验信息(例如可做参数假设)将非常有帮助。在有关自助法的文献中,有些关于对经验分布函数进行“光滑化”过程应用的讨论将有助于填补这些空缺(Silverman & Young, 1987)。然而,这类半参数推断处于早期探索阶段,其实际应用的优势还有待考察。

第 5 节 | 刀切法

刀切法(Jackknife)是与自助法密切相关的一种推断方法。这种方法源于 20 世纪四五十年代,用于估计和修正统计估计值的偏差,并推出稳健的置信区间(robust confidence intervals)。像自助法那样,刀切法通过检查样本数据内的变化,而不是通过使用参数假设来估计一个统计量的变异性。但是,刀切法没有自助法那么普及。它是利用另一种方式来探索样本的变化。刀切法当下可能主要用于复杂抽样的推断和识别异常数据点。

如果自助法的座右铭是"有放回地抽样",那么刀切法的座右铭就是"删去一个"。也就是说,刀切统计量是通过以下方式得到的:每次系统地删除一个数据子集,然后估计这样的操作导致的 $\hat{\theta}$ 变化(Miller, 1974: 1; Quenouille, 1949, 1956)。[11]利用刀切法估计 θ 的步骤如下:

1. 把样本分为 g 个样本量为 h 的完全穷尽且相互排斥的子样本,这样 $gh=n$。

2. 从整个原始样本中删除一个子样本。根据样本量为$(g-1)h=n-h$ 的删减样本计算$\hat{\theta}_{-1}$。

3. 根据这个 $\hat{\theta}_{-1}$且通过以下加权,计算"虚拟值"(pseudovalue)$\tilde{\theta}_g$:

$$\tilde{\theta}_g = g\hat{\theta} - (g-1)\hat{\theta}_{-1} \qquad [1.5]$$

4. 对于所有 g 个子样本,重复第 2、第 3 步,得到 g 个$\tilde{\theta}_g$值的一个向量。

5. 计算这些虚拟值的均值,从而得到 θ 的刀切估计值$\tilde{\theta}$:

$$\tilde{\theta} = g^{-1}\sum\tilde{\theta}_g \qquad [1.6]$$

刀切法要考虑的主要问题是 g 个子样本的样本量 h。在昆努依尔(Quenouille, 1949)最初开发刀切法时,他只用了两个子样本,即把他的样本对半分。但他很快把 h 的选择一般化为 1,从而子样本数量将等于样本中元素数量(Quenouille, 1956)。这减少了 h 和 g 设定的随意性,也可能是在大多数情形中使用刀切法的最好形式(Miller, 1974:2)。这里有个例外,就是下面将讨论的复杂抽样情形。

刀切法最常用于估计 $\hat{\theta}$ 的偏差。$\tilde{\theta}$ 是个二阶无偏估计,$\hat{\theta}$ 一阶偏差的简单估计值能通过下面的减法得到:

$$估计[偏差(\hat{\theta})] = \tilde{\theta} - \hat{\theta} \qquad [1.7]$$

这种方法已用于估计和减少已知有偏估计值的偏差(如两个样本均值之比)(Mantel, 1967; Rao & Beegle, 1967)。

图基(Tukey, 1958)超越了这个简单的偏差估计,开发了一种方法可用刀切法来检验有关θ的假设。他提出在许多情形中,尤其当$\hat{\theta}$有局部线性特征时,g个虚拟值可以看作是近似相互独立同分布的随机变量(Miller, 1974:8)。他利用这个特征,开发了一种能用于执行统计检验的稳健"刀切t统计量":

$$t_{\text{jack}}=\frac{g^{\frac{1}{2}}(\tilde{\theta}-\theta_0)}{\left[(g-1)^{-1}\sum(\tilde{\theta}_g-\tilde{\theta})^2\right]^{\frac{1}{2}}} \qquad [1.8]$$

其中θ_0=原假设中的θ值。对于很多普遍采用的统计量,例如均值、积矩相关系数(product-moment correlation coefficient)、威尔科克森符号秩统计量(Wilcoxon signed-rank statistic)和线性回归系数等,当g或h趋向无限大时,这个检验统计量显示为自由度为$g-1$的学生t分布(Miller, 1974:6;另参见Brillinger, 1964; Miller, 1964)。

为了说明刀切法的发展,我们这里考虑一个用刀切法计算样本均值的例子。表1.4的第2列包括从一个标准正态变量生成的30个随机值,这些值也用于表1.1的初始自助法例子中。我们把每个值作为一个子集来刀切这些值的均值,因此$g=30$, $h=1$。第3列是每个值对应的$\hat{\theta}_{-1}$,也就是删除这个值后计算得到的$\hat{\theta}$值。第4列是每个值

表 1.4 利用刀切法计算表 1.1 中模拟数据的均值

个案号	原始样本	$\hat{\theta}_{-1}$	$\tilde{\theta}_g$
1	0.697	−0.315	0.675
2	−1.395	−0.243	−1.413
3	1.408	−0.340	1.400
4	0.875	−0.322	0.878
5	−2.039	−0.221	−2.051
6	−0.727	−0.266	−0.746
7	−0.366	−0.279	−0.369
8	2.204	−0.367	2.183
9	0.179	−0.298	0.182
10	0.261	−0.300	0.240
11	1.099	−0.329	1.081
12	−0.787	−0.264	−0.804
13	−0.097	−0.288	−0.108
14	−1.779	−0.230	−1.790
15	−0.152	−0.286	−0.166
16	−1.768	−0.230	−1.790
17	−0.016	−0.291	−0.021
18	0.587	−0.312	0.588
19	−0.270	−0.282	−0.282
20	−0.101	−0.288	−0.108
21	−1.415	−0.243	−1.413
22	−0.860	−0.262	−0.862
23	−1.234	−0.249	−1.239
24	−0.457	−0.276	−0.456
25	−0.133	−0.287	−0.137
26	−1.583	−0.237	−1.587
27	−0.914	−0.260	−0.920
28	−1.121	−0.253	−1.123
29	0.739	−0.317	0.733
30	0.714	−0.316	0.704
均 值	−0.282	—	−0.291
标准误	1.039	—	1.038

注：$\hat{\theta} = \bar{X} = -0.282$；$\tilde{\theta} = g^{-1}\sum\tilde{\theta}_g = -0.291$；估计(偏差 $\hat{\theta}$) = $\tilde{\theta} - \hat{\theta} = -0.009$；刀切 t 值 = −1.540；参数 t 值 = $\bar{X}/\hat{\sigma}_{\bar{X}} = -1.49$。

的权重虚拟值$\tilde{\theta}_g$。注意在这个例子中，虚拟值与原始数据的值非常近似。此外还要注意，θ 的刀切估计值$\tilde{\theta}$ 与原始估计值 $\hat{\theta}$ 非常近似。这正是我们预期的情况，因为我们计算的是总体参数的一个无偏估计。如同利用这些数据的自助法例子（表 1.2），刀切法给出这些确定性结论的事实显示了其精确性。参数 t 值（-1.49）和刀切 t 值（-1.54）的差异表明，就第 I 类错误而言，刀切法推断可能有点不精确。

像自助法那样，当传统参数推断的假设不适用时，刀切法主要用作一个替代可用的推断工具。然而，也有研究表明，刀切法未能用于显著的非线性统计量，如样本中位值，这点不像自助法（Efron, 1982：9）。不过，虽然由于刀切法的这个特征使得自助法在一般化上要优于刀切法，但也有证据表明，刀切法可能在复杂抽样领域要优于自助法。当抽样结构已知时，研究人员可通过为刀切法来设定 g 个子样本来对应样本的层和组，从而得到线性样本统计量的可信估计（Fay, 1985）。

刀切法的另一种用法在于识别一个统计模型中有很大影响的个案或层，非常类似于库克 D 统计量（Cook, 1977）。当一个子样本是单个个案或一个有意义的个案组，例如一个样本层，其虚拟值能用于评估是否那个子样本对整体 $\hat{\theta}$ 的影响要大于其他子样本，且这种影响要大于平均水平。如果一个 $\tilde{\theta}_{-1}$ 在某种意义上比其他 $\tilde{\theta}_{-1}$ 大得多或小得多(例如,根据标准误的值,$\tilde{\theta}_{-1}$的值离 $\hat{\theta}$ 非常远),我们也许希望去检验那个个案或层,看是否存在测量误差,且/或有迹象表明我们的模型可能有误。因为用于计算 $\hat{\theta}^*$ 的重取样本的产生是随机的,所以自助法不能这样用。

如今,也许除了在复杂抽样和重要个案检测领域,刀切法的价值大部分已成历史。但因为刀切法在自助法之前出现,却不及自助法那样使用广泛,所以刀切法只是对于本书的主要话题的一点附加的启发。像自助法那样,刀切法也是为了应对传统参数推断强加的限制而设计出来的,且用非常大量的计算来替代参数方法的分析和假设。但是不像自助法,刀切法的开发人员没有完全脱离传统参数估计的思路,尤其是关于置信区间的估计。因为图基开发的刀切法仅仅把 $\hat{\theta}$ 转化成一个 t 分布的统计量,所以它仅仅是传统参数推断的“补充”(patching up)。刀切法假设 $\hat{\theta}$(或其变形)的分布已知,然后比较样本和这个已知分布,再做一个假设检验。虽然刀切法利用经验样本变异来推断 θ,但是它没有充分利用这个样本信息。自助法则超越了根据假设的标准抽样分布来进行点估计,形成了 $\hat{\theta}$ 的整个抽样分布的一个严格经验估计。

第6节 | 自助法的蒙特卡洛评估

本书的剩余章节将向大家展示 $\hat{\theta}$ 的自助抽样分布如何用于推断 θ。但是,鉴于自助法对大部分受教于传统参数方法的社会科学家来说是如此陌生,我们也将介绍有关这种方法的一些有限但具有建设性的经验评估。这样,我们将不仅介绍如何用自助法来做统计推断,而且也论证在特定条件下其推断的好坏。我们论证的方法是先做一个模拟试验来比较所研究情形的推断方法,然后给出一个利用自助法来处理这种情形的真实数据实例,就像前面介绍利用自助法计算样本均值和 OLS 回归估计那样。

我们利用蒙特卡洛模拟试验来研究自助法的表现,具体步骤如下所示(Sobol, 1975:chap. 1)。首先,我们通过一个随机数生成过程来定义一个"总体"。其次,利用这个随机过程,我们抽取一个具有某些特定特征的样本。这是第一次"试验(trial)"的原始样本。根据这个样本,我们计算且存贮统计量 $\hat{\theta}_t^S$,其中上标 S 表示这个统计量根据一个原始样本计算得来,下标 t 表示试验的次数。然后,自助这

个 $\hat{\theta}_t^S$，从而得到其抽样分布的估计 $\hat{F}^*(\hat{\theta}^*)$。接着，对于 $\hat{\theta}_t^S$，利用参数方法和自助法计算相关的推断参数估计值（置信区间端点和偏差估计值，如第 2 章描述的那样）。从生成样本到估计推断统计量整个过程重复 1 000 次。[12] 最后，每个推断统计量将通过所有这些抽样、重抽样和计算最后得出一个蒙特卡洛生成的频率分布。我们再利用这些分布来评估每种推断方法。这个蒙特卡洛估计和统计过程如图 1.10 所示。这是评估一种推断方法精确性的最好方法之一，因为它允许研究人员了解到真实总体参数，这是真实数据实例做不到的。蒙特卡洛仿真已被广泛用于评估和解释统计过程（Anderson，1976；Duval & Groeneveld，1987；Everitt，1980；Hanushek & Jackson，1977；Jolliffe，1972）。

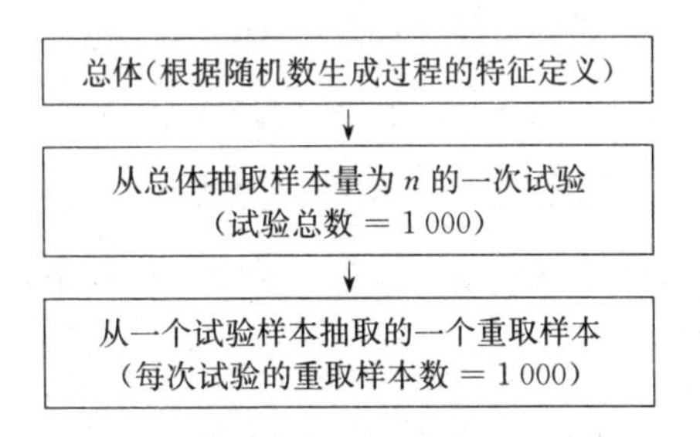

图 1.10 自助法的蒙特卡洛评价的嵌套重抽样

这个过程得出两类可用于评估自助法的信息。第一，通过从每次试验得到一个估计，从而构成 1 000 个 $\hat{\theta}_t^S$ 的相对频率分布，这样我们能构建一个 $\hat{\theta}$ 的真实抽样分布的蒙特卡洛估计。这里需要注意的是,在自助法中,因为没有总体的完整信息,所以我们使用样本得到了一个 $F(\hat{\theta})$ 的蒙特卡洛估计。在这些模拟中,我们知道总体特征,且能用这些特征来得到 $F(\hat{\theta})$ 的一个非常完好的估计。

从这个模拟试验,我们能得到的第二类信息是我们想要比较的推断统计量(例如一个置信区间端点)分布的蒙特卡洛估计。因为这些统计量是随机变量,所以它们的任何一个估计都将包括某种程度的随机误差。为了估计一般估计值相对于任何单个估计值的经验特征,我们必须检查它的抽样分布。

然后,我们可利用这个信息来估计和比较推断方法。一种比较标准是待研究的原始 $\hat{\theta}$ 抽样分布的蒙特卡洛估计。例如,考虑 $\hat{\theta}$ 抽样分布的第 2.5 个百分位值(用作一个置信度 $\alpha = 0.05$ 的置信区间的下限)。这个点的蒙特卡洛估计仅仅是 1 000 个 $\hat{\theta}_i^S$ 中的第 25 个最小值。这个标准能用于比较下面将讨论的不同推断方法生成的置信端点分布期望值。这个期望值越接近蒙特卡洛估计值,那么相应推断方法的偏差就越小。第 2.5 个百分点估计值最接近蒙特卡洛估计值的推断方法的偏差最小。而且,对于每种推断方法,置信区间端点的标准差是那种推断方法的效率估计。因此,我们能估计每种方法的偏差及其生成待测推断统计量的效率。

这样生成的置信区间也能用于估计它们相应的假设

检验的误差率。当我们拒绝一个真实的原假设或置信区间没有包括 θ 的真实值时，我们就犯了第 I 类错误。[13] 犯这类错误的概率按惯例称为 α，并根据参数检验来确定 α，这个参数检验利用了与假设的标准抽样分布有关的概率。然而，如果这个参数假设不成立，那么真实 α 水平可能不同于名义 α 水平。在我们的估计中，我们通过报道未能得到待检的 θ 真实值的试验比例，来评估每种置信区间估计法得到真实 α 水平的蒙特卡洛估计。因为本书使用的名义 α 水平为 0.05，所以真实 α 水平偏离 0.05 的方向和大小将是每种方法精确性的另一个指标。

第2章

利用自助法进行统计推断

估计 $\hat{\theta}$ 抽样分布的目的是推断 θ。两种推断 θ 的互补方法分别为估计 $\hat{\theta}$ 的偏差和给定 $\hat{\theta}$ 值估计 θ 的置信区间。到目前为止,$\hat{\theta}$ 抽样分布估计的前一种方法有时会用上,但自助法最常用且最复杂的应用是后一种。

第 1 节 | 偏差估计

θ 估计值的偏差是指估计值的期望值和参数真实值之差：

$$偏差(\hat{\theta})=\theta-E(\hat{\theta}) \qquad [2.1]$$

研究问题是，平均起来，$\hat{\theta}$ 是否正确？$\hat{\theta}$ 的抽样分布是否以 θ 为中心？对于试图说明一个参数真实值的研究人员来说，这点当然非常重要。如果一个统计量有偏，且研究人员不知道偏差的程度，那么研究人员就难以准确推断 θ。也有可能一个有偏的统计量实际上仍是可获得的最好估计值，尤其当这个统计量围绕其期望值的方差很小时。例如，当一个回归模型存在严重的共线性时，如果不通过岭回归(ridge regression)对回归系数估计值强制一点偏差，那就不可能得到这些系数的估计值。然而，即使在这种情况下，在对 θ 给出任何说明之前，理解强制的偏差有多大非常重要。

许多统计量已被证明是某些参数的渐近性无偏估计。例如，在某种特定情况下，样本均值是总体均值的无偏估计。但是,也存在好几种不应该假定 $\hat{\theta}$ 是无偏的情形。第一种情形是,我们已知有些统计量是某些参数的有偏估计。例如,两个样本均值之比 $\hat{\mu}/\hat{\nu}$ 是两个总体均值之比 μ/ν 的有偏估计(Rao & Beegle, 1967)。同样,作为总体参数 ρ^2 的估计值,样本的判定系数(sample coefficient of determination)R^2 是向上偏的(Barton, 1962)。调整过的 R^2 趋向于减少由增加回归模型的参数数量引起的偏差,但是它无法完全消除这种偏差。而且,如前面所提到的,在岭回归中,由于多重共线性,分析人员故意引入一些偏差到系数估计中,这是为了使得这些估计更有效率(Mason & Brown, 1975)。

当一个统计量在某些特定条件下被证明是无偏的,但当这些条件不满足时可能有偏时,那个统计量的偏差估计也可能是有用的。例如,如果误差项和外生变量(exogenous variables)之间零相关的假设不成立,这里即使非常弱的相关也可能产生问题,那么 OLS 回归系数将是有偏的(Bartels, 1991)。而且,当样本量很小时,最大似然估计值的标准误是总体标准差的有偏估计。考虑到在社会科学中这些估计值的广泛应用,理解它们的偏差在某些情形下可能很重要,但传统推断统计量没有提供一种探究它们的常规方法。

通过以下直接的方式,自助抽样分布 $\hat{F}^*(\hat{\theta}^*)$能用来估计 $\hat{\theta}$ 的偏差。虽然 $\hat{F}^*(\hat{\theta}^*)$本身不是 $F(\hat{\theta})$的一个完全

无偏估计，但是 $\hat{\theta}$ 偏差的一个好的近似值是自助抽样分布的期望值和 $\hat{\theta}$ 之差（Efron，1982：33）：

$$估计[偏差(\hat{\theta})] = \hat{\theta} - \hat{\theta}^*_{(\cdot)}，其中\ \hat{\theta}^*_{(\cdot)} = \sum \hat{\theta}_b / B \tag{2.2}$$

即，$\hat{\theta}$ 偏差的自助估计仅仅是该参数的分析点估计和自助点估计之差，自助点估计是从重取样本得到的 B 个 $\hat{\theta}^*$ 的平均值。

表 2.1　两个样本均值之比的偏差——蒙特卡洛试验结果

	蒙特卡洛		自助法	
	$E(\bar{X}/\bar{Y})$[a]	E(偏差估计)	$E(\bar{X}/\bar{Y})$	E(偏差估计)
正态变量，$n = 50$	0.751	0.001	0.752	0.001
正态变量，$n = 20$	0.752	0.002	0.755	0.002
对数正态变量，$n = 50$	0.930	0.025	0.956	0.026
对数正态变量，$n = 20$	0.983	0.078	1.039	0.057

注：$B = 1\,000$；试验次数 $= 5\,000$。
a. 真实比：正态变量，0.75；对数正态变量，0.90。

在表 2.1 中，我们给出了一个 5 000 次蒙特卡洛试验的结果，这些试验用于得到两个样本均值之比作为两个总体均值之比估计值的自助偏差估计。这个表呈现了这个比的蒙特卡洛估计和自助估计的期望值，及在四种情况下这个统计量的偏差估计值。蒙特卡洛偏差估计值是根据每次试验，从真实 θ 中（根据随机数生成过程得到）减去 $\hat{\theta}$ 得到。自助偏差估计值则是根据每次试验，从 $\hat{\theta}$ 中减去自助

估计值 $\hat{\theta}^*$ 得到。

从表中可以看出,每种情形都得到很好的自助偏差估计值。自助偏差估计值和蒙特卡洛估计值的方向相同,大小相近。当要比较均值的两个变量是正态分布时,偏差很小,且自助估计值和蒙特卡洛估计值完全相同。当变量是对数正态分布时,偏差增加,尤其当样本量小的时候,但是自助法仍能给出那个偏差的一个合理估计值。

在这个例子中,估计 $\hat{\theta}$ 偏差的重要性从这个试验中能明显地看出,因为均值之比的真实值和估计值之间的差异在某些情形下是非常显著的。例如,在样本量为 20、变量为对数正态分布的情形中,真实比是 0.90,但标准估计值的期望值大概为 0.98。这个分析提到的另一个重点是,我们在使用一个有偏统计量的自助点估计时要谨慎。能用自助法来估计偏差的特征(例如反映一个统计量的偏差)也增大了自助估计值的偏差。因此,自助法对于推断到总体很有用,但没有必要用来计算参数的点估计值。

虽然仅仅从样本 $\hat{\theta}$ 减去 $\hat{\theta}$ 的自助偏差估计值就能得到 θ 的一个无偏估计,这可能非常诱人,但是这通常不是个好办法。除了偏差之外,从单个样本得到的自助偏差估计还包括不确定的随机变异,这可能人为地增加了 $\hat{\theta}$ 的平均均方误差(Hinckley, 1978)。但是,偏差估计对于确定 θ 的估计值是否存在严重的偏差问题非常有帮助。当然,给定大小的偏差是否存在问题依赖于经验情形。不过,我们常常关注：一个统计量的偏差与其标准差相比是否显著偏大？如果标准差比偏差大得多，那么我们也许能够做到忽略偏差，因为随机误差能超过偏差。埃弗龙（Efron，1982：8）指出，当估计的偏差与标准误之比小于 0.25 时，$\hat{\theta}$ 的偏差通常不会造成严重问题。自助法给出了估计偏差和标准误之比的一种常规方法，这一点传统方法是做不到的。

第2节 | 自助置信区间

以总体参数为中心的置信区间(及其相应的假设检验)是使用一个统计量的抽样分布估计来做推断的最常见方法。α 水平的置信区间定义为给定样本变异及 $\hat{\theta}$ 抽样分布形状,分析人员 $[(1-\alpha)\times 100]\%$确定 $\hat{\theta}$ 值将包括 θ 真实值。这里,$F(\hat{\theta})$的形状非常关键。

传统参数置信区间首先假设 $F(\hat{\theta})$的形状,例如 $F(\hat{\theta})$是正态分布或学生 t 分布。然后,根据样本分析估计这个假设分布的参数,得到 $F(\hat{\theta})$的一个估计,就像第1章讨论的那样。这个分布的第 $\alpha/2$ 和 $1-\alpha/2$ 个百分点被选为以 θ 为中心的 α 水平置信区间的上下端点。这个置信区间的传统解释是:给定已有数据,这个置信区间包括大部分 θ 值,这些 θ 值能生成样本量为 n 的随机样本。[14] 考虑到置信区间不包括 θ 真实值的可能性,期望这将偶然发生的机会是 $(\alpha\times 100)\%$。但是置信区间内的值离 $\hat{\theta}$ 不够远,因而它们不等于 θ 的假设被拒绝,其置信度为 α。

下面讨论以总体均值 μ 为中心、置信度 α 水平为 0.05

的置信区间的例子。当 $n > 30$ 时，样本均值 $\bar{X}$ 通常假设为以 μ 为中心的正态分布。随机抽取一个样本得到一个位于 $\bar{X}$ 抽样分布期望值的给定标准差内的 $\bar{X}_i$ 的概率，可通过查正态分布(z)表或学生 t 表得到。此时，$\bar{X}$ 抽样分布期望值就是 μ，因为 $\bar{X}$ 是无偏估计。例如，如果 $F(\bar{X})$ 是正态分布，那么我们抽取得到的 $\bar{X}_i$ 大于总体均值的 1.645 个标准差的概率为二十分之一。通过转化对应于第Ⅰ类错误的可接受风险水平的 z 值，并以我们熟悉的方式把它与那个均值的标准差相乘，我们能选择以 μ 为中心、置信度为 α 的置信区间端点：

$$p(\bar{X} - z_{\alpha/2}\sigma_{\bar{X}} < \mu < \bar{X} + z_{\alpha/2}\sigma_{\bar{X}}) = 1 - \alpha \quad [2.3]$$

由此得到的置信区间可以解释为，在给定样本且有关 $\hat{\theta}$ 抽样分布形状的假设正确的情况下，我们能 $[(1-\alpha)\times 100]\%$ 确定这个置信区间包括 θ 真实值。

然而，正如前面提到的，这个关于 $\hat{\theta}$ 抽样分布形状的假设可能不正确。我们可能无法完全确信允许分布已知的假设条件实际上成立，或者我们可能正在处理一个没有任何抽样分布理论支持的统计量。在这些情况下，传统方法不能用，自助法可能好用。

在过去的十年中，使用自助抽样分布 $\hat{F}^*(\hat{\theta}^*)$ 来建立以不同总体参数为中心的置信区间的技术的理论发展已备受重视。[15]本书介绍了社会科学家最常用且最实用的四种自助置信区间技术：正态近似法（the normal approximation method）、百分位法（the percentile method）、偏差矫正百分位法（the bias-corrected percentile method，简称 BC method）和百分位 t 法（the percentile-t method）。

正态近似法非常类似于构建置信区间的参数法（Noreen，1989：69）。当一个统计量可以假设为正态分布，但没有现成的标准误分析公式来估计时，我们可以利用自助抽样分布来估计其标准误。例如，这可能对于只有单个信息矩阵的复杂最大似然估计相当有用。这一估计是，$\hat{\theta}^*$ 是分布为 $\hat{\theta}$ 的随机变量这个概念的一个直接应用：

$$\hat{\sigma}^*_{\hat{\theta}} = \left[\left(\sum [\hat{\theta}^*_b - \hat{\theta}^*_{(\cdot)}]^2 \right) / (B-1) \right]^{\frac{1}{2}},$$

$$\text{其中 } \hat{\theta}^*_{(\cdot)} = \sum \hat{\theta}^*_b / B \qquad [2.4]$$

如埃弗龙（Efron，1981b）所示，当 $B \to \infty$ 时，$\hat{\sigma}^*_{\hat{\theta}} \to \hat{\sigma}_{\hat{\theta}}$，但 B 超过 50—200 时，近似值改进很小（Efron & Tibshirani，1986：sec. 9）。

就像在传统参数方法中那样，我们识别 z 分布或学生 t 分布中与 $\alpha/2$ 和 $1-\alpha/2$ 对应的点。然后，我们利用自助标准误 $\hat{\sigma}^*_{\hat{\theta}}$ 把这些 z 和 t 值转换成样本测量，这是通过把 $\hat{\sigma}^*_{\hat{\theta}}$ 代入以下传统置信区间公式得到的：

$$p(\hat{\theta} - z_{\alpha/2}\hat{\sigma}^*_{\hat{\theta}} < \theta < \hat{\theta} + z_{\alpha/2}\hat{\sigma}^*_{\hat{\theta}}) = 1-\alpha \qquad [2.5]$$

下面考虑表 1.1 生成的关于样本均值的数据。表 1.2

显示自助样本均值的标准差与从原始样本分析计算的标准差非常接近。因此，在这个例子中，利用正态近似和参数方法得到的置信区间端点实际上是相同的。此外，假如这个例子的均值可能是正态分布的，那这正是我们预期的结果。

从历史角度来看，自助法及其相关技术在统计推断中的应用最初采用的是正态近似背后的一般理念（例如，Efron，1979，1982：chap. 5；Tukey，1958），且这些理念对受传统方法训练的那些研究人员来说非常有吸引力。它利用了所有应用科学研究人员所熟悉的正态分布假设和一系列表（z 表和 t 表）。当关于 $\hat{\theta}$ 的正态假设被证实时，这些置信区间实际上可能比那些不受这个参数限制得到的置信区间要精确。如果我们事先已知关于 $F(\hat{\theta})$ 形状的信息，那我们当然应该利用这些信息。标准差的产生及 $\hat{F}^*(\hat{\theta}^*)$ 的正态假设也允许发展关于 θ 的假设检验。也应该注意到，正态近似法通常比下面描述的其他自助置信区间方法需要的自助重复次数少得多（Efron & Tibshirani，1986：sec. 9）。

正态近似法的主要问题是它不能充分利用以下特征：$\hat{F}^*(\hat{\theta}^*)$ 估计的是 $\hat{\theta}$ 的整个抽样分布，而不仅仅是其二次矩阵。自助法设计的初衷是一个非参数方法，且正态近似置信区间明显依赖于一个很强的参数假设。虽然这个假设有时可能被证实，但是当这个特定假设不成立时，通过这种方法得到的置信区间与通过参数方法得到的置信区间差别不大。

另一方面,百分位法确实利用了 $\hat{F}^*(\hat{\theta}^*)$ 近似 $F(\hat{\theta})$ 这一概念。这个基本方法非常简单:一个置信度为 α 的置信区间包括 $\hat{F}^*(\hat{\theta}^*)$ 分布的第 $\alpha/2$ 和 $1-\alpha/2$ 百分位值之间的所有 $\hat{\theta}^*$ 值(Efron, 1982:chap. 10; Stine, 1990:249—250)。也就是说,当置信度 $\alpha=0.05$ 时,$\hat{\theta}$ 的置信区间端点是 $\hat{F}^*(\hat{\theta}^*)$ 的第 2.5 和 97.5 百分位处的 $\hat{\theta}^*$ 值。一个排序的 $\hat{\theta}^*$ 矢量很容易得到这样的置信区间。我们再看看表 1.1 和表 1.2 呈现的自助样本均值的例子。假定 $B=1\,000$,我们只要从 $\bar{X}^*$ 的最小值开始向上数到第 25 个,从 $\bar{X}^*$ 的最大值开始向下数到第 25 个。这样就得到 μ 的置信区间:

$$p(-0.654\,4<\mu<0.091\,0)=0.95$$

显而易见,这个区间非常类似于表 1.2 中利用标准方法得到的置信区间。再说,这也像预期的那样,因为在这个例子中 $F(\bar{X})$ 的正态假设被证实,所以参数置信区间可能是正确的。

百分位法使得研究人员不受传统方法和正态近似法的参数假设的约束。例如,如果一个统计量的分布不对称,那么从理论上来讲它不会影响百分位法得到的置信区间的精度。考虑一个有偏且被截断的变量(例如每年各州石油产量)的样本均值,其样本量为 20。当 n 很大(按照惯例，$n>30$）或当潜在变量是正态分布时，中心极限定理证明 $\bar{X}$ 为正态分布的假设成立，但是在这个例子中，这两个条件都不满足。前面的图 1.4 表明这个情形将得到 $\bar{X}$ 的一个非对称抽样分布。在这个例子中，$F(\bar{X})$的传统参数估计是不适当的，因此据此得到的置信区间端点将不精确。但是，自助百分位法允许 $\hat{F}^*(\hat{\theta}^*)$与数据表明的任何形状相符。这可以让置信区间非对称地围绕 $\hat{\theta}$ 的预期值。

百分位法容易执行，这也是其优势。我们不需要复杂的分析公式来估计假设的 $\hat{\theta}$ 抽样分布参数，也不需要查找各概率在标准抽样分布上的列表值。我们只需要计算$\hat{\theta}^*$值，把它们排序，然后数到相应的百分位点。而且，一旦你领会了自助法的原理，你就能很快掌握百分位法。我们得到了 $F(\hat{\theta})$的估计值，然后只需要找到相应的百分位点。基于这些因素，百分位法看起来是应用统计学家最常用的自助法（Liu & Singh, 1988:978）。

然而，百分位法至少存在两个缺点。第一，如迪西乔和罗马诺（DiCiccio & Romano, 1988）提出的，当样本量小时，百分位法可能表现不佳，这主要源于在这些置信区间计算中样本分布尾部的重要性。这可能需要更大的样本来充实这些尾部。百分位法的第二个潜在问题是我们必须假设自助抽样分布是 $F(\hat{\theta})$的无偏估计。虽然这比假设 $F(\hat{\theta})$有某个已知特征的标准分布的限制要少，但仍可能引起问题。相对于正态近似法，百分位法的另一个缺点是,百分位法需要生成和分析至少 1 000 个重取样本,而正态近似法则可能仅需要生成和分析 50—200 个重取样本。不过,考虑到现代计算机的运算速度及其普及性,这点通常无关紧要。这里的例外可能是对于异常复杂或计算非常费时的统计量,例如大样本的次序统计量(order statistics)(例如中位值),以及迭代估计统计量(iteratively estimated statistics)(例如 MLEs)。

为了克服假设 $\hat{F}^*(\hat{\theta}^*)$是无偏的限制,埃弗龙(Efron, 1982:sec. 10.7)对百分位法做了一个简单调整,提出了偏差矫正百分位法。[16]偏差矫正百分位法假设 $\hat{\theta}^*-\hat{\theta}$ 和 $\hat{\theta}-\theta$(其中 $\hat{\theta}^*$ 和 $\hat{\theta}$ 分别是 $\hat{\theta}$ 和 θ 的无偏估计值)围绕常数 $z_0\sigma$ 分布(其中 σ 是每个分布的标准差),而不是一定要以零为中心分布。z_0 是我们需要调整的 $\hat{\theta}$ 自助分布的有偏常数。

为了完成这个调整,我们假设 $\hat{\theta}$ 和 θ 分别存在单调变换 $\hat{\varphi}$ 和 φ,这两者之差是以 $z_0\sigma$ 为中心的正态分布[17]:

$$\hat{\varphi}-\varphi \sim N(z_0\sigma,\ \sigma^2) \text{ 和 } \hat{\varphi}^*-\hat{\varphi} \sim N(z_0\sigma,\ \sigma^2) \qquad [2.6]$$

因此,$\hat{\varphi}-\varphi$ 是一个正态枢轴量,其分布与在 $F(\hat{\theta})$ 和 $\hat{F}^*(\hat{\theta}^*)$下的分布相同。为了便于数学处理,这种统计量的形式变换是很常见的,例如相关系数的费雪变换(Fisher's transformation)$\tanh^{-1}\rho$。偏差矫正百分位法使用这种策略的有趣之处在于：因为自助分布 $\hat{F}^*(\hat{\theta}^*)$ 不受变换的影响，我们不需要知道具体变换公式，只需要知道存在这样的公式。仅需要假设这样的公式存在比必须实际计算这个公式的要求要低得多。

通过假设这类正态变换的可能性，我们能利用累积正态分布来计算 z_0 值。一旦我们估计了这个常数，我们仅仅需要调整 $\hat{F}^*(\hat{\theta}^*)$ 来抵消它。

因此，生成偏差矫正置信区间的过程包括两步：计算 z_0，然后利用 z_0 来调整自助抽样分布。首先，z_0 是小于或等于原始点估计值 $\hat{\theta}$ 的所有 $\hat{\theta}^*$ 个数所占比例对应的 z 值：

$$z_0 = \Phi^{-1}\{pr(\hat{\theta}^* \leqslant \hat{\theta})\} \qquad [2.7]$$

其中 Φ = 标准正态变量的累积分布函数。

然后，我们通过使用 z_0 来调整 $\hat{\theta}^*$ 的百分位值，得到偏差矫正置信区间的端点（Efron，1982：sec. 10.7；Stine，1990：277）：

$$\text{偏差矫正置信区间的低端点} = \hat{\theta}^* \text{ 在 } [\{\Phi(2z_0 + z_{\alpha/2})\} \times 100] \text{ 百分位上的值} \qquad [2.8]$$

$$\text{偏差矫正置信区间的高端点} = \hat{\theta}^* \text{ 在 } [\{\Phi(2z_0 + z_{1-\alpha/2})\} \times 100] \text{ 百分位上的值} \qquad [2.9]$$

也就是说，对于置信区间的每个端点，我们把 z_0 乘以 2 加到与置信水平 $\alpha/2$ 相对应的 z 值上。然后，我们从一个标准正态表中找到与调整的 z 值相对应的概率。与这个调整的 z 值相对应的百分位上的 $\hat{\theta}^*$ 值是偏差矫正置信区间端点。

偏差矫正法就这样把自助抽样分布调整到以点估计值 $\hat{\theta}$ 为中心。如果分布已经以 $\hat{\theta}$ 为中心,那就不需要调整了,偏差矫正端点将和百分位端点相同。也就是说,如果 $pr(\hat{\theta}^* \leqslant \hat{\theta}) = 0.5$,那么 $z_0 = \Phi^{-1}(0.5) = 0$,因此 $\Phi(2z_0 + z_{\alpha/2}) = \alpha/2$。然而,如果 $pr(\hat{\theta}^* \leqslant \hat{\theta}) \neq 0.5$,也就是说,如果自助抽样分布不以 $\hat{\theta}$ 为中心,那么偏差矫正端点将修正这个偏差。

考虑 $\mathrm{pr}(\hat{\theta}^* \leqslant \hat{\theta}) = 0.65$ 的情形,因为 $E(\hat{\theta}^*) < \hat{\theta}$。因此,如果 $\alpha = 0.05$,那么

$$z_0 = \Phi^{-1}(0.65) = 0.39$$

偏差矫正置信区间的高端点 $= \Phi(2[0.39] + 1.96) \times 100$

$= \Phi(2.74) \times 100$

$= \hat{F}^*(\hat{\theta}^*)$ 的第 99.7 个百分位值

偏差矫正置信区间的低端点 $= \Phi(2[0.39] - 1.96) \times 100$

$= \Phi(-1.18) \times 100$

$= \hat{F}^*(\hat{\theta}^*)$ 的第 11.9 个百分位值

就像这个例子所示,z 值及其概率之间的非线性关系导致这两个端点以不同比例移动。在这个例子中,高端点仅仅上移了 2.2 个百分点,而低端点上移了 9.4 个百分点。

这意味着偏差矫正置信区间的长度可以和百分位法置信区间不同，但是真实的 α 水平可能更接近名义 α 水平。

偏差矫正法的主要问题是我们需要求助特定的参数假设。首先，我们必须假设存在 $\hat{\theta}$ 和 θ 的某种单调变换，且这两者之差的分布已知，例如正态分布。虽然这比实际找到这样的变换或假设 $\hat{\theta}$ 本身有某种标准分布的要求低得多，但是它仍然对模型附加了限制。而且，我们必须假设 $\hat{\theta}$ 是 θ 的无偏估计，而不是假设 $E(\hat{\theta}^*)$是无偏的。即当这两个值不同时，偏差矫正法尽量假定 $\hat{\theta}$ 是无偏的，这在给定情形下也许能被证实，但也有可能无法证实。

自助法文献中存在一些理论(Babu & Singh, 1983; DiCiccio & Romano, 1988; Singh, 1981)和经验研究(Hall, 1988b:929; Loh & Wu, 1987)，认为百分位法及其变异法(例如偏差矫正法)不是 $\hat{F}^*(\hat{\theta}^*)$的最优应用。虽然百分位法简单直观，但是百分位法估计的置信区间端点可能不准确，因为它们集中在 $\hat{\theta}^*$ 上，而 $\hat{\theta}^*$ 并非必然为 $\hat{F}$ 的一个枢轴量(Babu & Singh, 1983; DiCiccio & Romano, 1988; Hinckley, 1988:326)。这可能是个问题，尤其对于一个抽样分布有偏的统计量来说(Hall, 1988b: sec. 3; Singh, 1986)。

为了解决这个问题，研究人员提出了百分位 t 法(Bickel & Freedman, 1981; Efron, 1981b: sec. 9)。这里，我们把 $\hat{\theta}^*$ 转换成一个标准变量 t^*：

$$t_b^* = (\hat{\theta}_b^* - \hat{\theta})/\hat{\sigma}_{\hat{\theta}} \quad [2.10]$$

这些 t^* 的分布和标准的 $\hat{\theta}$ 相同。这个估计值的标准自助分布用于生成 $\hat{\theta}$ 抽样分布关键点的方式完全类似于参数推断中学生 t 分布的使用。在百分位 t 法中,我们确定 t^* 的 $\alpha/2$ 和 $1-\alpha/2$ 百分位值,然后利用下面的公式得到一个以 θ 为中心的置信区间:

$$p(\hat{\theta} - t_{\alpha/2}^*\hat{\sigma}_{\hat{\theta}} < \theta < \hat{\theta} + t_{1-\alpha/2}^*\hat{\sigma}_{\hat{\theta}}) = 1-\alpha \quad [2.11]$$

利用从原始样本计算得到的 $\hat{\sigma}_{\hat{\theta}}$ 值,不管 $\hat{\sigma}_{\hat{\theta}}$ 值是通过分析法还是通过像公式[2.4]那样的自助法。

一个关键问题是如何估计 $\hat{\sigma}_{\hat{\theta}}$,然后把 $\hat{\theta}^*$ 转换为 t^*(公式[2.10])。虽然以往文献提供了几点建议(例如 Bickel & Freedman, 1981; Hinckley, 1988),但我们相信需要利用从每个重取样本得到的 $\hat{\sigma}_{\hat{\theta}}$ 估计值,把 $\hat{\theta}_b^*$ 转化为 t_b^*。这将根据我们对于 $\hat{\theta}^*$ 的把握来加权每个 $\hat{\theta}^*$,把标准差小的 $\hat{\theta}^*$ 移至 $\hat{F}^*(\hat{\theta}^*)$ 的中心,把标准差大的 $\hat{\theta}^*$ 移至 $\hat{F}^*(\hat{\theta}^*)$ 的尾部。因此,根据每个重取样本,我们不仅必须计算 $\hat{\theta}_b^*$ 值,还必须计算 $\hat{\sigma}_{\hat{\theta}}$ 的估计值。如果存在一个计算 $\hat{\sigma}_{\hat{\theta}}$ 的公式,那么可以利用分析法得到,或者也可以通过另一轮自助计算(公式[2.4])得到 $\hat{\sigma}_{\hat{\theta}}^*$。这个"双重自助"(double bootstrap)包括另一层面的重抽样,因此我们实际上是从一个重取样本中再重抽样。

双重自助是百分位 t 法最常用的方法,但它将明显由于我们在每个重取样本中用于确定 $\hat{\sigma}^*_{\hat{\theta}}$ 的“双重抽样”(re-resample)数量这个因子而增加总的计算时间。这个因子应该为50—200,正如我们在讨论公式[2.4]时所建议的那样。也就是说,为了利用1 000个重取样本得到围绕某个 θ 的百分位 t 置信区间,我们将需要抽取200 000个样本(从原始数据中抽取1 000个重取样本,为了计算 $\hat{\sigma}^*_{\hat{\theta}}$ 从每个重取样本中再抽取200个双重取样本)。当一个统计量需要大量计算时,例如计算一个样本中位值或最大似然估计时,这类计算可能需要特别关注。如果百分位 t 法很精确,那么计算时间的增加可以说是合理的(Hall, 1988b: 929; Hinckley, 1988; Loh & Wu, 1987)。当然,如果需要顾及计算容量的话,分析人员将优先选择参数法,而不可能选择自助法。

生成自助置信区间的其他方法也在文献中有所提及(例如,DiCiccio & Romano, 1989; Efron, 1981a, 1987),但这里详细讨论的四种方法——正态近似法、百分位法、偏差矫正法和百分位 t 法——看起来最有效地利用了自助法优势。它们编程相对简单且自动运行,从概念上容易理解,且或许能应用于从一个简单随机样本得到的任何统计量(Efron & Gong, 1983; Tibshirani, 1988)。[18]基于这些原因,这四种方法是自助法在社会科学应用中的首选。

选择使用哪种自助置信区间法很大程度上依赖于分析人员面临的实际研究情况。没有一种方法能在每种情形中都给出最好的置信区间,因为判断这些结果好坏的标准差异很大(DiCiccio & Romano, 1988)。例如,如果研究人员要最小化计算成本,那正态近似法是最优选择;如果最大化假设检验的精度很关键,那么百分位法可能是优先选择。而且,总体参数的特性及待研究的估计值将影响方法的选择。例如,对于某些 $\hat{\theta}$,研究人员可能想假设 $F(\hat{\theta})$ 是正态分布的,因而选择正态近似法;而对于其他统计量,研究人员可能不愿意做这样的假设,因此需要选用另一种方法。表 2.2 总结了每种方法的一些优缺点。

表 2.2 四种自助置信区间法的比较

方法	优点	缺点
正态近似法	类似于我们熟悉的参数方法;对于正态分布的 $\hat{\theta}$ 有用;需要的计算量最少 ($B = 50—200$)	未能利用整个 $\hat{F}^*(\hat{\theta}^*)$;需要有关 $F(\hat{\theta})$ 的参数假设
百分位法	使用整个 $\hat{F}^*(\hat{\theta}^*)$;允许 $F(\hat{\theta})$ 是非对称的;不受变换的影响	小样本可能导致精度低;假设 $\hat{F}^*(\hat{\theta}^*)$ 是无偏的
偏差矫正法	适应于所有百分位法;允许 $\hat{F}^*(\hat{\theta}^*)$ 存在偏差;z_0 能根据 $\hat{F}^*(\hat{\theta}^*)$ 计算得到	需要有限的参数假设
百分位 t 法	在很多情形下能获得高精度的置信区间;比百分位法更好地处理有偏的 $F(\hat{\theta})$	受变换的影响;双重自助法需要非常大量的计算

第3章

自助置信区间的应用

自助法旨在为统计推断提供一个方便实用且能广泛应用的方法。许多社会科学领域的研究人员发现自助法能用于研究各种课题，例如高峰电力需求（Al-Sahlawi，1990；Veall，1987），刻板的爱情（Borrello & Thompson，1989），法国宏观经济（Bianchi，Calzolari & Brillet，1987），甚至酒精饮料价格的通胀率（Selvanathan，1989）。

这一章将考察自助法可能优于传统参数推断的统计情形。在某些情形中，传统方法的某些假设不成立。在另外一些情形中，不存在合理可用的参数方法。我们的方法是描述一般统计情形，然后讨论为什么自助法可能比参数法更合适。然后，我们对每种情形执行一个蒙特卡洛试验（参见第1章），比较不同置信区间的表现，使用社会科学数据实例来说明我们讨论的一般情形。

第 1 节 | 抽样分布未知的统计量的置信区间

如第 1 章讨论的那样，为了从一个样本统计量推断到一个总体参数，分析人员需要能够估计那个统计量的抽样分布。在给定的情形中，传统参数方法是使用有关这个分布形状的先验信息和分析公式来估计它。例如，我们有充分理由相信，对于 $n=50$，样本均值是正态分布的，而且对于给定的统计情形，我们能利用这个信息和样本数据来估计 $F(\bar{X})$。

许多社会科学家理所当然地认为他们知道所用统计量的分布形状。中心极限定理让我们确信，随着样本量增加，某些常用的统计量是正态分布的，其他统计量有某些其他特定的已知分布（例如 χ^2 分布、F 分布和学生 t 分布）。而且，在很多情形中，估计这些分布参数的简单分布公式也是可获得的。例如，对于许多我们常用的正态分布统计量（例如样本均值、两个样本均值之差和 OLS 回归系数），其均值和标准差公式都众所周知，且在初级统计书中都深入讨论过。

然而,许多社会学家感兴趣的统计量,其抽样分布可能未知,且/或无可用的分析公式来计算这些抽样分布的参数,且/或在某些情况下分析公式难解。这类能用自助法的统计量的名单很长,且随时间增加,包括偏峰度估计值(skew and kurtosis estimator)(Badrinath & Chatterjee, 1991)、冗余度统计量(redundancy statistics)(Lambert, Wildt & Durand, 1989)、安格夫增量项偏差指标(Angoff's delta item bias index)(Harris & Kolen, 1989)、科布-道格拉斯超越对数乘法模型的常数项(the constant term of a Cobb-Douglas translog multiplicative model)(Srivastava & Singh, 1989)、特征值(Lambert, Wildt & Durand, 1990)和切换回归模型的切换点(switch point in a switching regression model)(Douglas, 1987)。

从一个小样本得到的样本均值

在社会科学中最常用的估计值是样本均值 $\bar{X} = \sum x_i/n$。如果我们想描述一个对称分布变量的集中趋势,那么我们使用均值。样本均值的一个重要特性是中心极限定理。中心极限定理指出,不管变量的分布如何,随着样本规模增加,均值的抽样分布倾向为正态分布。通常，初级统计书建议一个30或更大的样本量就“足够大”到应用这个定理且假设 $\bar{X}$ 为正态抽样分布(例如 Mansfield, 1986:241)。而且，即使对于样本量小于20或30的样本，如果潜在的变量是正态分布，那么均值将是正态分布的。显然，样本均值看来是使用参数推断的统计量中依据最充分的情形之一。

然而，可能存在这样的情形，分析人员想从一个样本量小于30的样本来推断一个总体均值，但没能证明这个变量符合正态假设。在这种情形下，我们不知道 $\bar{X}$ 抽样分布的形状。我们无法证实这个分布为正态分布的假设，如果假设分布为正态将导致有关 μ 的统计检验得到比名义错误率更大的错误率。在这种情形下，我们可用自助法来推断。

对于一个对数正态变量，我们模拟一个样本量为25的类似情形。图3.1显示了一个这样的样本均值的蒙特卡洛模拟。K-S检验表明这不是一个正态分布，因而假设这是正态分布将会增加推断的误差率。表3.1呈现了在这些条件下，以总体均值 μ 为中心的参数置信区间和自助置信区间的蒙特卡洛模拟结果。这个分析中有几个有趣发现。置信区间好坏最重要的指标是，第I类错误的比例与用于构建这些置信区间的名义 α(0.05)水平的近似程度。在大多数情况下，所有这些置信区间都不包括真实值；例如，参数置信区间的 α 水平是0.08。只有百分位 t 置信区间比参数置信区间更接近名义 α 水平，然而百分位 t 置信区间仍有 5.9%的次数不包括 μ。这意味着所有四个置信区间都低估了第 I 类错误水平,但百分位 t 置信区间是最精确的。百分位 t 法在有偏抽样分布的例子中估计得很好(Hall, 1988b: sec. 3; Singh, 1986),这个试验看起来证实了这点,图 3.1 呈现的分布是有偏的。

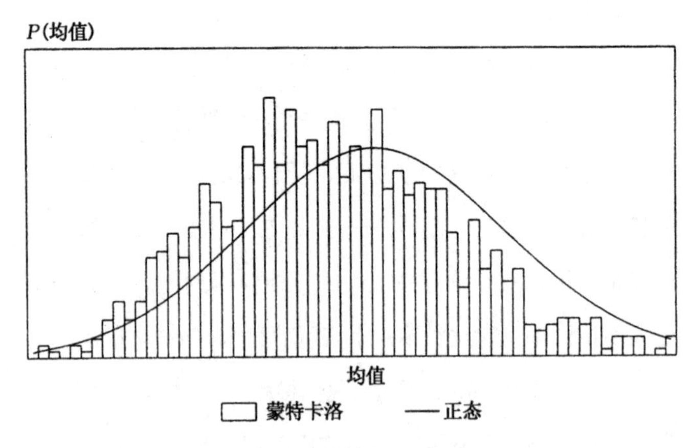

注:正态分布和蒙特卡洛估计的均值和标准差相同。

图 3.1 一个对数正态变量均值的蒙特卡洛模拟抽样分布和正态抽样分布($n = 25$)

我们进一步查看表 3.1,可以发现这些置信区间的其他有趣特征。首先,端点的点估计值有不同类型及不同水平的偏差。参数置信区间的两个端点以近似对称的方式都向左移动。也就是说,参数置信区间的端点估计值比蒙特卡洛估计值小大约 0.027。自助估计值的偏差是非对称的,反映了这个 $\bar{X}$ 抽样分布的非对称性。不过,偏差程度在不同自助法和各估计端点之间存在差异。例如,正态近

表 3.1　一个对数正态变量的均值——蒙特卡洛试验结果

	$\alpha/2$ 端点	$1-\alpha/2$ 端点	第 I 类错误的比例(α 水平)[a]
蒙特卡洛估计值	0.627	1.427	—
参数法[b]	0.600(0.141)[c]	1.401(0.287)	0.080
正态近似法[b]	0.628(0.144)	1.373(0.280)	0.091
百分位法	0.655(0.141)	1.404(0.291)	0.084
偏差矫正法	0.673(0.143)	1.421(0.299)	0.084
百分位 t 法	0.583(0.177)	1.476(0.333)	0.059

注：名义 α 水平 $=0.05$；$B=1000$；$n=25$。蒙特卡洛 $\bar{X}=1.00$(标准差 $=0.199$)；自助 $\bar{X}^*=1.00$(标准差 $=0.190$)。

a. μ 的真实值不在置信区间内的试验比例。μ 的真实值等于 1.00，这是由随机数生成器定义的。

b. 参数置信区间和正态近似置信区间都使用 $t_{0.025;\,df=24}=2.064$。

c. 置信区间端点估计值的标准差。

似置信区间低端点的期望值几乎和蒙特卡洛模拟估计的低端点值一样。可是，正态近似置信区间的高端点向下偏。偏差矫正法得到的高端点估计值最好，但低端点估计值最差。这可能暗示着偏差矫正法在有偏抽样分布的细长尾部估计得最好，就像在这个 $\bar{X}$ 抽样分布的右尾部。看看这些端点估计值的效率也非常有趣。对于每个端点，每种方法估计值的标准误都很相似，除了百分位 t 法之外。在这个置信区间里，我们发现端点估计值的变异稍微多一些。因此，在这个例子中，虽然百分位 t 法的总误差率最低，但是它得到的置信区间的效率稍微差些。而且，每种置信区间法的效率都是 $\alpha/2$ 端点要好于 $1-\alpha/2$ 端点。这可能是因为这个 $\bar{X}$ 抽样分布的上端部出现更细长尾部。

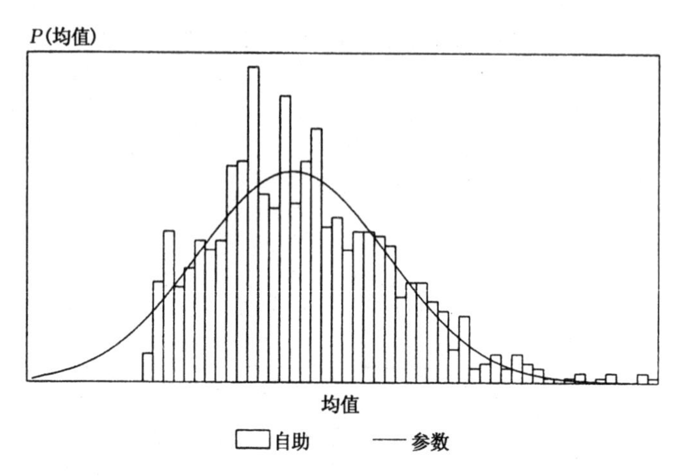

资料来源:数据来自 Dye & Taintor(1991)。

图 3.2 1985 年平均州石油产量抽样分布的自助估计值和参数估计值($n=20$)

在图 3.2 中,我们呈现了一个样本量为 20 个州的 1985 年州石油产量均值的自助抽样分布,类似于蒙特卡洛试验的一个统计情形。与这个均值的参数分布相比,自助分布明显偏向右边。这里我们特别感兴趣的是,我们有很充分的理由相信在这个例子中,真实 $F(\bar{X})$看起来很像自助估计值。记得在图 1.4 中,$F(\bar{X})$的蒙特卡洛估计值与图 3.2 中的自助估计值的形状完全相同。而且,自助抽样分布的左截断减少了置信区间包括数据中不出现的 $\bar{X}$ 值的可能性(在正态近似法的情形下),或防止置信区间包括数据中不出现的 $\bar{X}$ 值的发生(在百分位 t 法、百分位法和偏差矫正法的情形下)。例如,虽然从逻辑上讲,一个州不可能在一年中生产的石油为负值,但以这个均值为中心的参数置信区间(这里没有显示)包括负值,而自助置信区间则不包括负值。任何截断变量都有可能出现这类问题,而自助法能用于解决这类问题。

社会科学家关注的许多变量都是非对称分布的,就像前面的试验那样,包括任何截断变量,如收入、教育或任何人均测量。因此,自助法可能对于估计这类变量的小样本均值非常合适。另一种大家不熟悉的非正态类型包括多峰性(multimodality)。如果一个变量的分布有两个或更多的峰值,我们不能假设这个变量的小样本均值是正态分布的,也不能假设参数标准差公式将准确地估计真实的标准差。

一个非常常用的多峰变量是美国人争取民主行动组织(Americans for Democratic Action, 简称 ADA)对国会成员的评级。基于代表对一些关键议案的投票,这些评级常被政治学家用来测量个人的保守主义或自由主义(例如 Dougan & Munger, 1989; Johannes & McAdams, 1981; Kritzer, 1978)。由于其构建的性质(或潜在变量的性质),ADA 分值的分布是双峰的,峰值位于 0—100 的测量刻度的两端。[19]实际上,或许所有这样的利益群体给国会议员的评级都有类似分布(Snyder, 1992)。

表 3.2 列出了检验以一个双峰分布变量均值为中心的置信区间的蒙特卡洛试验结果。这些数据表明,这个变量的双峰性容易导致抽样分布的离差估计值向上偏,得到的

置信区间都比蒙特卡洛估计的置信区间宽得多。抽样分布的蒙特卡洛估计是正态的(这里没有呈现),但是它比自助估计或参数估计更窄。这是由双峰分布的相对粗短尾部和中心低谷造成的。因此,这些过宽的置信区间都低于名义 α 水平。然而,所有自助置信区间(除了百分位 t 置信区间外)都比参数置信区间窄且更好地反映了名义 α 水平,其端点估计的效率也没损失。正态近似方法最接近蒙特卡洛估计的事实可能反映了基于 K-S 检验,这个均值抽样分布是对称的,且可能是正态的。

表 3.2 一个双峰变量的均值——蒙特卡洛试验结果

	$\alpha/2$ 端点	$1-\alpha/2$ 端点	α 水平[a]
蒙特卡洛估计值	−0.370	0.435	—
参数法[b]	−0.433(0.206)[c]	0.473(0.206)	0.030
正态近似法[b]	−0.401(0.205)	0.441(0.205)	0.043
百分位法	−0.406(0.207)	0.447(0.206)	0.039
偏差矫正法	−0.388(0.206)	0.454(0.207)	0.041
百分位 t 法	−0.436(0.208)	0.478(0.208)	0.031

注:名义 α 水平 $=0.05$;$B=1\,000$;$n=25$。蒙特卡洛 $\overline{X}=0.020$(标准差 $=0.196$);自助 $\overline{X}^*=0.020$(标准差 $=0.215$)。

a. μ 的真实值不在置信区间内的试验比例。μ 的真实值等于 0,这是由随机数发生器定义的。

b. 对参数置信区间和正态近似置信区间都使用 $t_{0.025;\,df=24}=2.064$。

c. 置信区间端点估计的标准差。

表 3.3 给出了以 30 个第 99 届美国国会众议院成员样本的平均 ADA 分值为中心的置信区间结果。如前所示,ADA 分值是双峰分布的,且在 0 和 100 处被截断。各置信区间估计法的相对表现和表 3.2 中一样。自助置信区间一

般比参数置信区间窄。因为在这个例子中，蒙特卡洛试验表明真实置信区间窄，所以自助法在这里可能比参数法更合适。

表 3.3　以 30 个第 99 届美国国会众议院成员样本的平均 ADA 分值为中心的置信区间

	$\alpha/2$ 端点	$\bar{X}$(标准差)	$1-\alpha/2$ 端点
参数法(t 检验)	30.44	44.37(6.80)[a]	58.19
正态近似法	30.66	44.37(6.72)	58.09
百分位法	31.23		58.02
偏差矫正法	30.12		58.20
百分位 t 法	30.75		58.38

注：名义 α 水平 $=0.05$；$B=1\,000$。
a. 估计值的标准差。
资料来源：数据来自 Krehbiel(1990)。

本章及其他章节讨论的分析结果大部分是用来举例说明的。这里或其他章节都没有进行全面的经验评估，这种差异产生的确切情形也没有完全记录在参考文献中。这对于真实数据的例子来说再正确不过了，因为我们不知道这些实例的真实抽样分布，因此我们不能确定哪个置信区间最准确。许多因素将影响这些方法的表现，其中某些因素(例如使用的统计量，变量的任何逻辑上的截断)能从真实数据的例子中获悉，但其中很多因素我们不知道(例如任何总体特征)。当研究人员遇到不同方法得出的推断结果出现冲突时，那可能应该采取以下两种策略。第一，使用可获得的信息来确定哪种方法看起来可证明是先验合理的。例如，如果以一个统计量为中心的置信区间包括逻辑上不可能存在的值(例如年龄均值为−16),那么研究人员应该拒绝那个置信区间。处理这种冲突结果的第二种方法是,把所有的结果都列出来,然后让读者自行判断。

暂且把评估真实数据情形遇到的问题搁在一边,本书介绍的不同试验提出了三个要点。首先,这些置信区间方法表现各有千秋。而且,如下所示,没有哪种自助置信区间能在不同情形下基于几乎所有标准都是最优的。第二,没有对所有情形都绝对"最优"的置信区间方法。即使在相同的经验情形下,不同的标准对应不同的"优胜者"。例如,在表3.1中,虽然百分位 t 法的总误差率最低,但是正态近似得到的 $\alpha/2$ 端点估计值的偏差最小。不过,这些分析提出的最后一个要点,也许是最重要的一点是,在许多貌似有理的情形中,参数法得到的置信区间端点和这些区间的名义 α 水平的估计值都是有偏的。我们发现确实存在很多情形,在这些情形下一种或多种自助法要优于参数法。

两个样本中位值之差

虽然在某些情形中,样本均值的抽样分布已知,且存在估计这个分布参数的分析公式,但并非社会科学家感兴趣的所有统计量都是如此,例如两个样本中位值之差。我们无理论依据断定这个统计量是正态分布的,即使我们想做这样的假设,也没有分析公式来估计标准误。为了利用参数法来推断总体的两个中位值之差,我们可能需要求助于我们了解更多的一个指标:两个样本均值之差。但如果我们感兴趣的是中位值且至少一个潜在变量是非对称分布的,那么两个样本均值之差绝不是一个理想的指标。

在某些情形中,中位值体现出特别的理论重要性。例如,在以多数决定为原则的投票中,位于中位值处的投票人偏好将决定选举结果。在比较两个群体(例如国会委员会和整个议院)的偏好中位值时,研究人员使用传统推断统计量时有两种选择。第一个选择是用一个能用参数方法但不太合适的统计量(例如两个样本均值之差),这可能存在因为使用这个不理想指标而出现偏差的风险(例如 Canon, 1987:477; Hall & Grofman, 1990:1 155; Krehbiel, 1990:144)。第二种选择是研究人员不使用任何统计检验,只依赖于点估计(例如 Sinclair, 1989:108—111)。但是,这两种方法绝非理想之策。

对于这个问题来说,如果数据可以获得,则自助法可以检验对应的统计量。就两个样本中位值之差来说,自助法原理的直接应用如下所示。首先,我们从待推断的总体中抽取一个样本。然后,基于这个原始样本,我们计算两个群体的特征中位值之差。这是两个中位值的总体之差的点估计。接着,我们从原始样本中抽取 B 个样本量为 n 的重取样本。在每个重取样本中,我们计算这些群体的中位值之差。赋予这些自助的重取样本中位值之差的每个值一个概率 $1/B$，这样生成的分布就是这个统计量抽样分布的自助估计。

表 3.4　两个对数正态变量的中位值之差——蒙特卡洛试验结果

	$\alpha/2$ 端点	$1-\alpha/2$ 端点	α 水平[a]
蒙特卡洛估计值	−0.747	0.700	—
正态近似法[b]	−0.830(0.432)[c]	0.807(0.400)	0.025
百分位法	−0.840(0.484)	0.810(0.454)	0.030
偏差矫正法	−0.695(0.461)	0.938(0.502)	0.043
百分位 t 法	−0.924(0.536)	0.890(0.495)	0.026

注：名义 α 水平 $=0.05$；$B=1000$；$n=25$。中位值之差的蒙特卡洛估计 $=-0.006$(标准差 $=0.361$)；中位值之差的自助估计 $=-0.011$(标准差 $=0.418$)。

a. 中位值之差的真实值不在置信区间内的试验比例。真实的中位值之差等于 0，这是由随机数生成器定义的。

b. $\hat{\sigma}^*_{\hat{\theta}}=0.416$，$t_{0.025;\,df=24}=2.064$。

c. 置信区间端点估计的标准差。

表 3.4 列出了生成以两个对数正态分布变量的中位值之差为中心的置信区间的蒙特卡洛试验结果，其中 $n_1=25$，$n_2=25$ 和 $\theta=0$。因为对于这个参数，没有参数方法可生成置信区间，所以我们仅对自助置信区间执行蒙特卡洛试验。

表 3.4 中的误差模式使人想起表 3.2 中的双峰小样本均值抽样分布的误差模式。这在意料之中，因为这两个估计的抽样分布都是有偏的。所有的置信区间都太宽，得到的 α 水平低于名义水平。每个自助置信区间(除了偏差矫正置信区间之外)都反映了围绕真实值 θ 的蒙特卡洛置信

区间的非对称性和抽样分布的有偏性。偏差矫正法把置信区间移向这个非对称性的右边，导致相反方向的非对称性。偏差矫正法的这种移动得到了从总体上来说最精确的置信区间，其置信水平 $\alpha=0.043$。然而，不管这些自助置信区间的表现如何，我们必须强调因为这个例子不存在可用的参数法，自助法提供了推断方法，这就是一个很重要的贡献。

现在考虑前面提到的一个立法委员会和整个议院的偏好中位值之差的问题，这是自助法应用于这种情形的一个经验例子。差异不等于0意味着，与议院的偏好相比，委员会的偏好存在偏差。而且，如果委员会对立法结果的影响比其成员的投票要更大（例如，如果按照惯例，议院遵守委员会的决定），那么由于无法反映大部分议院成员的看法，委员会制定的法律也可能是有偏的。

表3.5比较了以第99届美国国会众议院的委员会—议院偏好中位值之差为中心的各种自助置信区间。克雷比尔（Krehbiel，1990:154）建议委员会和整个议院的ADA中位值之差（参见前文）将用于检验委员会是否是偏好异常值这样的常规判断。但是，因为存在前面讨论过的问题，他最后使用了均值之差检验。

自助法提供了一个理论上更令人满意的可供选择的方法。在这些数据中，以中位值之差为中心的自助置信区间不包括0的次数要少于均值之差检验不等于0的次数。

表 3.5 第 99 届美国国会众议院的委员会和议院的 ADA 分值中位值之差的假设检验

委员会	参数均值之差检验[a]（Krehbiel，1990）	自助中位值之差检验[b]			
		正态近似法	百分位法	偏差矫正法	百分位 t 法
老龄					
农业					
拨款					
陆海空三军	*	*	*	*	*
银行金融					
预算					
商业					
华盛顿特区	*				
教育与劳动	*				
外交	*		*	*	*
政府运行					
内阁					
内务					
司法					
商船运输及渔业					
邮政	*	*			
公共建设事业					
规则					
科技					
中小企业					
公务行为准则					
退伍军人事务					
财政立法					

注:名义 $\alpha=0.05$；$B=1\,000$。

a. 参数均值之差 t 检验的显著结果。

b. 以不包括 0 值的中位值之差为中心的自助置信区间。

资料来源:数据来自 Krehbiel(1990)。

陆海空三军和外交委员会看起来是偏好异常值,但是克雷比尔识别出的其他三个委员会偏好为异常值的证据很弱。

这实际上比克雷比尔的分析更进一步证实了他的无偏假设，但更重要的是当感兴趣的统计量直接被检验时，这从理论上来讲更正确。我们也应该注意到，如果这些 ADA 分值的分布更不对称的话，[20]中位值检验和均值检验之间的差异甚至可能更大。

第2节 | 当传统分布假设不成立时的推断

如前面详细讨论的那样,参数推断需要假设相关统计量具有已知的标准抽样分布。置信区间和假设检验可使用从这个标准分布得到的列表概率点来得到。因而,从这些置信区间得到的概率陈述的准确性依赖于这个参数假设的有效性(参见第1章传统参数统计推断部分)。然而,这类分布假设常常不成立;即使对称性这样相对弱的假设也常常站不住脚(Efron, 1981b:151)。如果分布假设不成立,那么犯推断误差的比率将大于名义水平。

自助法有时和参数推断一起用于检验模型假设不成立的情形。研究人员一般在脚注中标出统计量的自助标准误,并标示它与分析得到的标准误的近似程度(例如 Green & Krasno, 1990; King, 1991; Poole & Rosenthal, 1991)。这样做使读者确信可能存在的假设不成立对参数推断不会造成不利影响。虽然这种处理方法存在像正态近似置信区间法那样的不利之处(例如未能利用整个

$\hat{F}^*[\hat{\theta}^*]$，并假设 $F[\hat{\theta}]$ 是正态的)，但这是自助法完全合理的一个应用。

在传统参数假设不成立的情形中，有些研究人员使用自助法，并同时放弃参数推断法。在近期社会科学研究中，这类例子包括在非双变量正态的情形中自助相关系数(Goodall, 1990)；在非正态性的情形中，自助边际成本、产出和成本弹性，以及艾伦替代弹性(Eakin, McMillen & Buono, 1990)；根据小样本自助 logit 系数(Teebagy & Chatterjee, 1989)。

严格来说，参数假设不成立仅仅是抽样分布未知的统计量的一种特殊情形。例如，如果我们对一个小样本双峰变量均值使用传统 t 检验，那我们将违反默许的正态性假设。这将对我们上面列出的置信区间产生不利影响。为了从不同视角来处理这个问题，本书把抽样分布未知的情形和模型假设不成立的情形区分开。

非正态误差结构的 OLS 回归

在社会科学中，我们最了解的受分布假设影响的统计过程之一是回归参数的 OLS 估计。为了使用 OLS 进行推断，我们需要假设模型的随机误差是正态分布(Draper & Smith, 1981:23)。需要这个假设是因为 OLS 估计的抽样分布是基于模型的随机误差。如果这个参数假设成立，那

么我们能使用 z 或 t 表准确地得到这些系数的置信区间。如果当误差实际上不是正态分布时,我们仍然假设其为正态分布,那么我们得到的置信区间和假设检验的误差概率可能要大于名义水平。自助法可能是解决这个问题的一种方式(Freedman, 1984; Freedman & Peters, 1984; Shorack, 1982)。

当因变量非常偏时,回归模型中的误差可能是非正态的。因为在OLS回归模型中自变量假设是固定的,那么误差项的分布完全由因变量决定。因此,如果因变量非常偏,那么正态误差结构的假设可能不成立,至少在小样本的情形中是这样。这种偏斜可能是由因变量有一端的边界为0和/或有几个异常值造成的。许多加总变量(例如人均收入、平均教育水平和识字率等)符合这些情形,这在跨国或跨州分析中经常出现。

这种偏斜也可能源于因变量由两个均值不同的分布混合而成,尤其其中一个分布的样本数很少(Everitt & Hand, 1981)。如果样本量小,这也可能在数据集合中作为异常值出现(Beckman & Cook, 1983)。例如,某种污染物水平可能在一条江中以给定方式分布,但是在一条污染严重的支流中其分布可能不同。在支流的下游(但没有远到支流中的污染物和江中的污染物完全混合那种程度),污染物的随机样本水平将呈现一个混合分布。未能认识到这种混合将导致测量到的是一个有偏分布的污染物变量。

表 3.6 误差有偏斜的 OLS 回归系数——蒙特卡洛试验结果

	$\alpha/2$ 端点	$1-\alpha/2$ 端点	α 水平[a]
蒙特卡洛估计值	0.397	3.530	—
参数法[b]	0.489(0.834)[c]	3.558(0.877)	0.063
正态近似法[b]	0.549(0.833)	3.496(0.871)	0.076
百分位法	0.524(0.839)	3.519(0.877)	0.072
偏差矫正法	0.586(0.836)	3.539(0.881)	0.077
百分位 t 法	0.379(0.836)	3.663(0.888)	0.051

注：名义 α 水平 $=0.05$；$B=1000$；$n=25$；$r^2=0.20$。蒙特卡洛 $\hat{B}=2.024$(标准差 $=0.743$)；$E(\hat{B}^*)=2.023$(标准差 $=0.52$)。残差重抽样。误差分布：$\epsilon\sim\Gamma(3.0)$。

a. B_1 真实值(等于 2.0，由随机数生成器产生)不在置信区间内的试验比例。

b. 参数置信区间和正态近似置信区间使用 $t_{0.025;\, df=24}=2.064$。

c. 置信区间端点估计的标准差。

在表 3.6 中，我们呈现了蒙特卡洛试验的结果，这是把一个误差项为 γ 分布(形状参数＝3)的均匀变量对单个连续自变量进行回归。[21] 因为在这个试验中自变量的值是固定的，所以我们使用残差重抽样法。我们的研究结果表明，百分位 t 法又一次最精确地反映了名义 α 水平。利用其他方法(包括参数法)计算得到的置信区间太窄，得到的 α 水平太高。偏差矫正法看起来又对抽样分布的偏斜过度矫正，减少了高端点的偏差，增加了低端点的偏差。注意，所有置信区间端点的标准误都是可比的，但所有高端点的标准误都偏大。这正是我们对变异可能较多的有偏分布的窄尾部所预期的那样。注意，这里的样本量为 25，接近统计书本建议学生使用中心极限定理时不管误差分布形状如何都可做正态假设的样本量,这一点也很重要。这表明,至少对于百分位 t 法,在这些条件下,自助法的渐近性看起来比中心极限定理的渐近性出现得更快。

表 3.7　以 1985 年美国各州人均教育支出的 OLS 斜率为中心的置信区间

	$\alpha/2$ 端点	$\bar{X}$(标准差)	$1-\alpha/2$ 端点
参数法(t 检验)	−5.39	−3.10(1.17)[a]	−0.81
正态近似法	−6.26	−2.61(1.61)	0.06
百分位法	−5.92		0.87
偏差矫正法	−8.61		−0.53
百分位 t 法	−5.62		0.76

注:名义 α 水平 $=0.05$; $B=1\,000$; $n=50$。案例重抽样。
a. 估计值的标准差。
资料来源:数据来自 Dye & Taintor(1991)。

表 3.7 呈现了以美国 50 个州的 1985 年人均教育支出的斜率为中心的置信区间,这个人均教育支出是作为五个自变量之一来解释州生产总值这个因变量的(Dye & Taintor, 1991)。在这个模型中,其他四个自变量分别为人口增长、失业、公路支出和石油产量。当使用 OLS 估计时,这个模型的残差不是正态分布的,这是由每个变量存在少数几个极端值引起的,在跨州或跨国聚合数据分析中常常出现。而且,教育支出效应的 OLS 估计值是负的,且当 α 水平为 0.05 时统计上显著,这跟理论预期相反。在这个模型中,可能是由阿拉斯加州和怀俄明州的影响引起的,因为这两个州的人均教育支出水平高,但 1985 年油价下降导致

严重经济负增长。

三个自助置信区间包括0值，允许我们拒绝这个违反直觉的假设，$\hat{\theta}<0$。然而，注意这里的分析表明这个系数的OLS估计值向上偏，因为这个斜率的自助估计值大于OLS估计值（参见第2章偏差估计部分）。与OLS估计值的标准误相比，这个偏差大到需要分析人员在做推断时特别注意。在这个例子中，偏差矫正法可能是最准确的，因为这个方法旨在处理$\hat{F}^*(\hat{\theta}^*)$中的偏差，在这种情况下参数推断可能是正确的。

第4章

结　论

本书讨论了自助法的基本理论及其应用。通过检验过去几年出现的关于自助法的文献,社会科学家可以找到自助法的应用和处理方法的进一步参考(参见 Diaconis & Efron, 1983; DiCiccio & Efron, 1991; Efron & Tibshirani, 1986; Stine, 1990 等)。在这一章,我们将自助法的简单应用扩展到一些可预期的领域,并讨论这种方法的一些已知局限性。

第1节 | 未来的研究工作

作为一个吸引许多统计学家且相对新的统计发展方向，有关自助法的理论工作正在快速发展。自助法的研究在许多领域中都在进行，但是看起来社会科学家可能对其中三个领域特别感兴趣。第一，大量研究把自助法应用到不断扩展的统计学领域(例如 Basawa, Mallik, McCormick & Taylor, 1989; Csorgo & Mason, 1989)。其中一些研究非常专业化，例如莱杰和罗马诺(Leger & Romano, 1990)利用自助法选择截尾比例来计算截尾均值。但是，这里的其他研究工作可能具有更广泛的社会科学应用，例如索尔曼(Sauermann, 1989)关于高维度且分散的对数线性模型的研究、托姆斯和舒坎尼(Thombs & Schucany, 1990)关于自回归过程的预期置信区间。

社会科学家可能感兴趣的第二个研究领域是试图减少需要生成好的 $\hat{\theta}$ 抽样分布估计的自助重抽样次数(例如 Davison, Hinckley & Schechtman, 1986; Efron, 1990; Hall, 1986; Hinckley, 1988)。这一般包括权衡和拦截重取样本来增加其代表 $\hat{\theta}$ 抽样分布的效率,在方式上类似于使用分层抽样来增加一个样本对总体的代表性的效率。这项工作当前还处于非常初始的阶段。这是否对社会科学家有实际用处还有待观察,但看起来可能性不大。当采用自助法时,分布假设和计算强度之间的初始权衡是基于无限的计算资源的假定。至少对于大部分统计学家的统计需要来说,这个假定大半都是有效的。然而,如果研究人员想自助一个巨型的多方程模型(例如 Bianchi et al., 1987)或非常复杂的非线性方程,这些增加效率的方法可能会有用。

最后一个会引发许多社会科学家兴趣的研究领域涉及复杂抽样问题。任何不是通过有放回的简单随机抽样选取的样本都是复杂的,不管使用的推断方法如何,都需要特别的分析考量(Lee, Forthofer & Lorimor, 1989:8)。虽然几乎所有在社会科学分析中使用的数据都来自非简单随机抽样得到的样本,但这个问题一般都被研究人员忽视了。在很多情况下,忽视复杂抽样可证明是有道理的(Smith, 1983),但它对推断的影响有时可能很大。

大部分自助法的理论发展都是在简单随机抽样的假设下实现的,这是为了减少数学上的复杂性,但是也有研究人员做了一些工作来增加自助法关于原始抽样方案的一般性。例如,比克尔和克里格(Bickel & Krieger, 1989)在分层抽样和无放回抽样的情形下,生成了以分布为中心的置信带。不过,在这方面最具雄心的工作要属饶和吴(Rao & Wu, 1988),他们尝试把自助法一般化到多阶段整群抽样方案。这些方法的一个主要问题是需要的计算极其复杂,而且还不清楚从提高的精度中得到的实际价值是否值得这样费力计算。

第2节 | 自助法的局限性

本书关于自助法的讨论和评价应该很清晰地表明这种方法并不能解决所有统计问题。因为自助法的理论工作相对较新，所以其应用的局限性还未完全被了解。例如，自助法可能不能用于那些依赖重抽样过程不能重复生成的“原始抽样过程的非常窄特征”(Stine, 1990:286)的统计量，例如样本最大值(Bickel & Freedman, 1981)。

在本书中，蒙特卡洛试验也为自助法可用之处或不可用之处提出了一些建议。首先，自助法显然是用于生成推断统计量(例如置信区间和偏差估计值)，而不是用于生成参数的点估计。自助点估计值看上去反映了所计算统计量的偏差，而不是减少这个偏差(参见第2章)。调整自助抽样分布来弥补这个偏差(类似于偏差矫正法)的可能性存在，但是这个领域尚缺乏研究。也有迹象显示百分位 t 法可能比其他自助法得出更精确的置信区间，但这也可能是由于我们例举采用的特定统计量和假设不成立的情形所引起的。这些研究结果仅仅是建设性的，这里讨论的所有试验结果也是如此。如果我们想完全理解在哪些情形中自助法优于参数法,我们还需要对使用这些蒙特卡洛技术的自助法进行全面的经验研究。不过,我们知道自助法优于参数法的情形之一是当无参数法可用时(例如两个中位值之差)。

然而,为了理解自助法最大的局限性,我们必须回到这种方法的原始理论依据(参见第1章)。为了让自助法得以运行,我们必须假设样本代表的经验分布函数是开始生成这个样本的总体分布函数好的估计值。也就是说,我们必须相信总体的所有可能不同类的值的一个代表性样本能在我们的数据中找到(Rubin, 1981)。两种实际情形能危及这个假设的有效性。首先,样本量越小,则样本越不可能代表总体的所有相关特征(Schenker, 1985)。对于生成自助置信区间来说,这可能格外成问题,因为他们主要依赖于所估计抽样分布的尾部,而且对于这些极端值,任何近似方法都是无能为力的(Nash, 1981)。然而,在我们报告的每次试验中,即使使用小样本,以近似名义误差率这个关键标准来看,至少有一个自助置信区间优于参数置信区间。这表明对于本书的样本均值和 OLS 回归系数例子,自助法的精度依赖的渐近性比中心极限定理的渐近性要发生得更快。即使在这些参数推断也很稳健的情形中,自助法比参数推断表现更好的事实也许是它应用于其他参数推断不能用的情形的理由。

我们可能无信心确定经验分布函数精确反映总体分布函数的第二个例子是,当原始数据不是通过简单随机抽样收集的。如前所示,已有文献研究了把自助法应用到从复杂随机样本得到的数据上的问题。但是关于经验分布函数是否是总体分布函数的一个好估计这个中心问题依然存在。即使利用从一个非概率样本抽取的数据,研究人员也可能假设经验分布函数是总体分布函数的一个好估计。这个假设的理论依据可能是基于研究人员掌握的一些有关样本的先验信息。当然,这开始关注非参数推断发展中的首要问题——期望尽量少做一些先验假设。然而,也可能出现以下情形,即研究人员可能愿意假设经验分布函数近似总体分布函数,但是不愿意假设待研究的统计量具有某种标准抽样分布。

在最后的分析中,像所有统计方法一样,自助法和其背后的假设没什么差别。这些假设比传统参数推断的限制性少,使得自助法更具一般性,但研究人员不能忽视它们无论如何仍然是假设这个事实。如同任何统计方法,没有数学操作或计算能力能代替有理有据的实质推理和仔细的建模。

第3节 | 结语

在本书中,我们讨论了什么是自助法、怎么执行自助法及为什么自助法好用。而且,我们给出了一些可能对社会科学家有用的统计实例。显然,自助一个统计量所需的额外努力是需要它产生大量成效使得这个方法能有价值。这点尤其正确,因为现在提供用于一般目的的自助法程序的软件很少(但参见附录关于如何使用统计软件包来做自助的一些想法和例子)。

不过,本书给出的例子显示,存在不能利用传统参数法而能用自助法的情形。而且,当社会科学家意识到自助法提供的统计自由时,通过使用最大似然估计函数,他们能得出更多有创意的有效统计模型。

附录　利用统计软件应用自助法

因为本书介绍的蒙特卡洛模拟需要大量的计算,因此大部分分析利用我们自己开发的FORTRAN程序。例如,IBM 3090巨型机模拟两个中位值之差(表3.4)(即便运用了矢量处理)需要超过10小时的CPU时间。不过,自助实际数据能通过现代微型机来处理。

自助法的主要算法包括把要计算的统计程序放入一个循环中。计算步骤直截了当:

1. 从原始数据中生成一个有放回的重取样本;

2. 估计统计量,存储估计值;

3. 重复第1步和第2步 B 次;

4. 根据自助系数矢量计算置信区间(百分位估计值和百分位 t 估计值将需要使用排序程序)。

像FORTRAN、BASIC或GAUSS这样的基本语言可以直接完成以上计算,但统计软件包这样的高级语言有时甚至也能得到一个常规的自助法程序。例如,SAS能通过先使用DO循环生成一个 $\hat{\theta}^*$ 的矢量,然后利用PROC IML操作这些自助估计值的矢量来完成自助法程序(Jacoby, 1992)。

RATS 是能用于自助法的一个特别便利的高级程序,因为它有一个内置的重抽样程序(BOOT)(Doan, 1992:sec. 10.2)。以下是用于自助一个包括 141 个案例的简单回归模型的未注释 RATS 程序版本,其结果呈现在图 1.8 中:

```
ALL 141
open data C:\WP51\boot\smsa.wk1
DATA (UNIT = data, org = obs, format = wks) 1 141 SMSA Pop $ HighSc
    Civlab TPI Crime
compute nB = 1000
declare vector bb(nB)
declare vector sd(nB)
set Incpc = TPI/Pop
linreg Incpc 1 141 resids olscoef
# constant HighSc
compute ob = olscoef(2)
compute seb = sqrt( % seesq * % xx(2,2))
compute pmlci = ob - 1.96 * seb
compute pmuci = ob + 1.96 * seb
statistics resids 1 141
*                                                  Bootstrap Loop
do i = 1, nB
         boot b / 1 141
         set dep = Incpc(b(t))
         set x1 = HighSc(b(t))
         linreg(noprint) dep 1 141 resids coef
         # constant x1
         compute bb(i) = coef(2)
         compute sd(i) = sqrt( % seesq * % xx(2,2))
         Display(unit = screen) 'Trial 'i
end do i
*                                   Calculate Confidence Intervals
set c 1 nB = bb(t)
```

```
set csd 1 nB = sd(t)
statistics c 1 nB
compute nauci = ob + 1.96 * sqrt( %variance)
compute nalci = ob -1.96 * sqrt( %variance)
order c 1 nB csd
print 1 nB c csd
compute il = fix((nB * .05)/2)
compute iu = nB - il + 1
set tscore 1 nB = (bb(t) - ob)/csd(t)
order tscore 1 nB csd
compute ptlci = tscore(il) * seb + ob
compute ptuci = tscore(iu) * seb + ob
set prt 1 nB = %if(c(t) < ob, 1, 0)
stats(noprint) prt
compute prop = %mean
declare real zp
compute zit = -1.0
until zp > prop {
        compute zp = %cdf(zit)
        compute zit = zit + .001
        }
end until
compute zit = zit - .001
compute ubc = fix( %cdf(2 * zit + 1.96) * nB)
compute lbc = fix( %cdf(2 * zit - 1.96) * nB)
if lbc < 1 {
        compute lbc = 1
        }
end if
display '                                          lower ci     upper ci
length'
display 'Parametric        'pmlci pmuci pmuci - pmlci
display 'normal approx     'nalci nauci nauci - nalci
display 'percentile        'c(il) c(iu) c(iu) - c(il)
display 'percentile t      'ptlci ptuci ptuci - ptlci
display 'bias-corrected    'c(lbc) c(ubc) c(ubc) - c(lbc)
end
```

有 16 MHz 处理器的 386 微型机执行这个程序仅仅需要 25 分钟。(这个 RATS 程序的注释版本可以直接向作者索取。)RATS 只需 5 分钟就能完成图 3.2 的分析,14 分钟完成表 3.3 的分析,26 分钟完成表 3.7 的分析。样本量看起来比模型复杂程度更显著地提升计算时间,但是迭代估计方法(例如最大似然估计)将以一个迭代次数的因子来增加计算时间。

有些软件包为特定统计量设定专门的自助法选项。例如,SPSS-X 可以自助受约束非线性回归(constrained nonlinear regression,简称 CNLR),一个非常一般的模型(SPSS, 1988:689—691);SHAZAM 在它的 OLS 回归程序中有一个选项可以生成系数的自助标准误(White, Wong, Whistler & Haun, 1990:93—95)。SHAZAM 手册也提供了一个自助回归程序的例子,其结构能专门用于自助任何 SHAZAM 计算、报告和存贮的统计量(White et al., 1990:214—215)。不过,自助法程序的最正规发展出现在 STATA 中,它提供了一个自助法命令,这个命令能选取一个定义好的程序段,然后执行自助重抽样和迭代估计(Computing Resources Center, 1992:163—166)。

注释

[1] K-S检验利用两个变量的累积分布函数的相同类别的比例之间的最大差异来检验它们的分布是否不同。在本例中,我们检验了图 1.4 呈现的变量的累积分布函数和正态分布的累积分布函数,在 $\alpha = 0.05$ 的显著水平上拒绝了 $\bar{X}$ 分布为正态分布这个假设(Blalock, 1972:262—265)。

[2] 在最大似然估计中,一般使用信息矩阵来估计标准误(Judge, Griffiths, Hill, Lutkepohl & Lee, 1985:177—180; King, 1989:87—90),但这不能用来估计某些复杂的估计值。

[3] 格罗斯克洛斯(Groseclose, 1992)使用蒙特卡洛仿真来估计第 99 届美国国会的抽样分布,但没找到什么理论依据。

[4] 虽然自助法能和参数法联合使用(例如 Efron, 1982:sec. 5.2),但这个方法最常用的是它的非参数形式。

[5] 这个经验分布函数可以通过构建 x_i 的柱状图来仿真。虽然从概念上来讲,这一步对自助法来说是非常重要的,但实际上没有必要在实践中构建一个经验分布函数来自助 $\hat{\theta}$ 值。

[6] 这也可以是 $\hat{\theta}_b^*$ 值的柱状图。

[7] 如果我们有总体分布函数的其他信息,例如有关其分布形状和参数值的经验或理论证据,我们能把这些和我们的计算合并,就像贝叶斯和参数推断统计量的做法那样。然而,这本书主要关注当这些信息不存在的情形。

[8] 这是因为 $\bar{X}$ 的抽样分布在很多情况下都是正态分布,计算标准误和期望值的分析公式存在且众所周知。

[9] 这个分布的不规则形状主要是因为其柱状图的分类太少、样本经验分布函数是离散的而不是连续的,及自助重抽样方法的随机特性。在平滑化经验分布函数使其尽可能近似为一个连续函数的自助法文献中有相关的讨论(Silverman & Young, 1987),但这种方法的实际益处还未被证实。本章的后文将作进一步讨论。

[10] 如果抽样是无放回的,则根据定义,当 $n = N$ 时,$\hat{F} = F$。使用有放回抽样增加随机误差度,这使得当 $n = N$ 时,$\hat{F}$ 仅仅是 F 的一个非常好的近似。

[11] 舒坎尼、格雷和欧文(Schucany, Gray & Owen, 1971)把刀切法拓展到估计高阶偏差,但这个技术很少被实际运用。

[12] 不过,我们对偏差估计的评估使用了 5 000 次试验。

[13] 在评估一个推断方法时也要关注第Ⅱ类错误(即未能拒绝错误的原假设)。在许多情况下,一个模型的蒙特卡洛模拟可用于评估一个推断检验的第Ⅱ类错误(Duval & Groeneveld, 1987)。在别处,我们使用这个技术来检验自助法的第Ⅱ类错误率,但遵循社会科学中的一般重点,本书集中讨论第Ⅰ类错误(Mooney & Duval, 1992)。

[14] 虽然包括置信区间的概率解释存在问题(King, 1989:14—17),本书采用传统的数学符号和解释。

[15] 参见 Hall(1988b)对七种类似方法的讨论。

[16] $\hat{F}^*(\hat{\theta}^*)$与 $F(\hat{\theta})$偏度可能不同的问题也受到了关注(Schenker, 1985)。埃弗龙(Efron, 1987)提出利用 BC_a 法(含加速常数项的偏差矫正法)来解决这个问题。除了 z_0, BC_a 利用一个加速常数项(an acceleration constant)a(基于 $\hat{F}^*[\hat{\theta}^*]$的偏斜度来定)来调整用于置信区间中 $\hat{F}^*(\hat{\theta}^*)$的百分点。不过,不像 z_0,对于给定的 $\hat{\theta}$,加速常数项常常很难或不可能根据 $\hat{F}^*(\hat{\theta}^*)$计算得到(DiCiccio & Romano, 1988; Hall, 1988b)。而且,由于本书的重点放在自助法的实际应用上,所以我们没有进一步描述 BC_a,或比较 BC_a 和其他方法。要想进一步了解 BC_a 的信息,请参看 Efron(1987)、DiCiccio & Tibshirani(1987)和 DiCiccio & Efron(1991)。尤其推荐最后一个参考文献,它介绍了计算 a 的实用方法。

[17] 偏差矫正法的一般情形允许分析人员指定 $\hat{\varphi}-\varphi$ 和 $\hat{\varphi}^*-\hat{\varphi}$ 以任何已知的方式分布(DiCiccio & Romano, 1988)。使用正态分布是因为大家都比较熟悉,且可查表来调整自助抽样分布。

[18] 参见饶和吴(Rao & Wu, 1988)、比克尔和弗里德曼(Bickel & Freedman, 1984)关于在复杂抽样情形中使用自助法的可能性。

[19] 这个变量也在 0 和 100 处被截断,使情形变得更复杂。

[20] ADA 分值倾向于以对称的 U 形分布,落在 0—100 两端的样本要多于落在 0—100 中间附近的样本。

[21] 这个误差有些偏斜,但是没有像指数分布那么偏。

参考文献

AL-SAHLAWI, M. A. (1990) "Forecasting the demand for electricity in Saudi Arabia." Energy Journal 11: 119-125.

ANDERSON, O. D. (1976) Time Series Analysis and Forecasting. Boston: Butterworth.

BABU, G. J., and SINGH, K. (1983) "Inference on means using the bootstrap." Annals of Statistics 11: 999-1003.

BADRINATH, S. G., and CHATTERJEE, S. (1991) "A data-analytic look at skewness and elongation in common-stock-return distributions." Journal of Business and Economic Statistics 9: 223-233.

BARTELS, L. M. (1991) "Instrumental and 'quasi-instrumental' variables." American Journal of Political Science 35: 777-800.

BARTON, A. P. (1962) "Note on unbiased estimation of the squared multiple correlation coefficient." Statistica Neerlandica 16: 151-163.

BASAWA, I. V., MALLIK, A. K., McCORMICK, W. P., and TAYLOR, R. C. (1989) "Bootstrapping explosive autoregressive processes." Annals of Statistics 17: 1479-1486.

BECKMAN, R. J., and COOK, R. D. (1983) "Outliers." Technometrics 25: 119-163.

BIANCHI, C., CALZOLARI, G., and BRILLET, J.-L. (1987) "Measuring forecast uncertainty: A review with evaluation based on a macro model of the French economy." International Journal of Forecasting 3: 211-227.

BICKEL, P. J., and FREEDMAN, D. A. (1981) "Some asymptotics on the bootstrap." Annals of Statistics 9: 1196-1217.

BICKEL, P. J., and FREEDMAN, D. A. (1984) "Asymptotic normality and the bootstrap in stratified sampling." Annals of Statistics 12: 470-481.

BICKEL, P. J., and KRIEGER, A. M. (1989) "Confidence bands for a distribution function using the bootstrap." Journal of the American Statistical Association 84: 95-100.

BLALOCK, H. M., Jr. (1972) Social Statistics (2nd ed.). New York: McGraw-Hill.

BORRELLO, G. M., and THOMPSON, B. (1989) "A replication bootstrap analysis of the structure underlying perceptions of stereotypic love." Journal of General Psychology 116: 317-327.

BRILLINGER, D. R. (1964) "The asymptotic behaviour of Tukey's general method of setting approximate confidence limits (the jackknife) when applied to maximum likelihood estimates." Review of the International Statistical Institute 32: 202-206.

CANON, D. T. (1987) "Actors, athletes, and astronauts: Political amateurs in the United States Congress." Ph.D. dissertation, University of Minnesota.

Computing Resources Center (1992) STATA Reference Manual: Release 3 (Vol. 2, 5th ed.). Santa Monica, CA: Author.

COOK, R. D. (1977) "Detection of influential observations in linear regression." Technometrics 19: 15-18.

CSORGO, S., and MASON, D. M. (1989) "Bootstrapping empirical functions." Annals of Statistics 17: 1447-1471.

DAVISON, A. C., HINCKLEY, D. V., and SCHECHTMAN, E. (1986) "Efficient bootstrap simulation." Biometrika 73: 555-566.

DIACONIS, P., and EFRON, B. (1983) "Computer intensive methods in statistics." Scientific American 248: 5, 116-130.

DiCICCIO, T. J., and EFRON, B. (1991) "More accurate confidence intervals in exponential families." Technical report no. 368, Department of Statistics, Stanford University, Stanford, CA.

DiCICCIO, T. J., and ROMANO, J. P. (1988) "A review of bootstrap confidence intervals" (with discussion). Journal of the Royal Statistical Society, Series B, 50: 338-370.

DiCICCIO, T. J., and ROMANO, J. P. (1989) "The automatic percentile method: Accurate confidence limits in parametric models." Canadian Journal of Statistics 17: 155-169.

DiCICCIO, T. J., and TIBSHIRANI, R. (1987) "Bootstrap confidence intervals and bootstrap approximations." Journal of the American Statistical Association 82: 163-170.

DOAN, T. A. (1992) RATS User's Manual: Version 4. Evanston, IL: Estima.

DOUGAN, W. R., and MUNGER, M. C. (1989) "The rationality of ideology." Journal of Law and Economics 32: 119-142.

DOUGLAS, S. M. (1987) "Improving the estimation of a switching regressions model: An analysis of problems and improvements using the bootstrap." Ph.D. dissertation, University of North Carolina, Chapel Hill.

DRAPER, N. R., and SMITH, H. (1981) Applied Regression Analysis (2nd ed.). New York: John Wiley.

DUVAL, R. D., and GROENEVELD, L. (1987) "Hidden policies and hypothesis tests: The implications of Type II errors for environmental regulation." American Journal of Political Science 31: 423-447.

DYE, T. R., and TAINTOR, J. B. (1991) States: The Fiscal Data Book. Tallahassee: Florida State University, Policy Sciences Program.

EAKIN, B. K., McMILLEN, D. P., and BUONO, M. J. (1990) "Constructing confidence intervals using the bootstrap: An application to a multi-product cost function." Review of Economics and Statistics 72: 339-344.

EFRON, B. (1979) "Bootstrap methods: Another look at the jackknife." Annals of Statistics 7: 1-26.

EFRON, B. (1981a) "Censored data and the bootstrap." Journal of the American Statistical Association 76: 312-319.

EFRON, B. (1981b) "Nonparametric standard errors and confidence intervals" (with discussion). Canadian Journal of Statistics 9: 139-172.

EFRON, B. (1982) The Jackknife, the Bootstrap, and Other Resampling Plans. Philadelphia: Society for Industrial and Applied Mathematics.

EFRON, B. (1987) "Better bootstrap confidence intervals" (with discussion). Journal of the American Statistical Association 82: 171-200.

EFRON, B. (1990) "More efficient bootstrap computations." Journal of the American Statistical Association 85: 79-89.

EFRON, B., and GONG, G. (1983) "A leisurely look at the bootstrap, the jackknife and cross-validation." American Statistician 37: 36-48.

EFRON, B., and STEIN, C. (1981) "The jackknife estimate of variance." Annals of Statistics 9: 586-596.

EFRON, B., and TIBSHIRANI, R. (1986) "Bootstrap methods for standard errors, confidence intervals, and other measures of statistical accuracy." Statistical Science 1: 54-77.

EVERITT, B. S. (1980) Cluster Analysis (2nd ed.). London: Heineman Educational.

EVERITT, B. S., and HAND, D. J. (1981) Finite Mixture Distributions. London: Chapman & Hall.

FAY, R. E. (1985) "A jackknifed chi-square test for complex samples." Journal of the American Statistical Association 80: 148-157.

FREEDMAN, D. A. (1981) "Bootstrapping regression models." Annals of Statistics 9: 1218-1228.

FREEDMAN, D. A. (1984) "On bootstrapping two-stage least squares estimates in stationary linear models." Annals of Statistics 12: 827-842.

FREEDMAN, D. A., and PETERS, S. C. (1984) "Bootstrapping a regression equation: Some empirical results." Journal of the American Statistical Association 79: 97-106.

GOODALL, C. (1990) "A simple objective method for determining a percent standard in mixed reimbursement systems." Journal of Health Economics 9: 253-271.

GREEN, D. P., and KRASNO, J. S. (1990) "Rebuttal to Jacobson's 'New evidence for old arguments.'" American Journal of Political Science 34: 363-372.

GROSECLOSE, T. (1992) Median-Based Tests of Committee Composition. Pittsburgh, PA: Carnegie Mellon University, Department of Social and Decision Sciences.

HALL, P. (1986) "On the number of bootstrap simulations required to construct a confidence interval." Annals of Statistics 14: 1453-1462.

HALL, P. (1988a) "On symmetric bootstrap confidence intervals." Journal of the Royal Statistical Society, Series B, 50: 35-45.

HALL, P. (1988b) "Theoretical comparison of bootstrap confidence intervals" (with discussion). Annals of Statistics 16: 927-985.

HALL, R. L., and GROFMAN, B. (1990) "The committee assignment process and the conditional nature of committee bias." American Political Science Review 84: 1149-1166.

HANUSHEK, E. A., and JACKSON, J. E. (1977) Statistical Methods for Social Scientists. New York: Academic Press.

HARRIS, D. J., and KOLEN, M. J. (1989) "Examining the stability of Angoff's delta item bias statistic using the bootstrap." Educational and Psychological Measurement 49: 81-87.

HINCKLEY, D. W. (1978) "Improving the jackknife with special reference to correlation estimation." Biometrika 65: 13-22.

HINCKLEY, D. W. (1988) "Bootstrap methods." Journal of the Royal Statistical Society, Series B, 50: 321-337.

JACOBY, W. G. (1992) PROC IML Statements for Creating a Bootstrap Distribution of OLS Regression Coefficients (Assuming Random Regressors). Columbia: University of South Carolina.

JOHANNES, J., and McADAMS, J. (1981) "The congressional incumbency effect: Is it casework, policy compatibility, or something else?" American Journal of Political Science 25: 512-542.

JOLLIFFE, I. T. (1972) "Discarding variables in a principal components model, I: Artificial data." Applied Statistics 21: 160-173.

JONES, H. L. (1956) "Investigating the properties of a sample mean by employing random sub-sample means." Journal of the American Statistical Association 51: 54-83.

JUDGE, G. G., GRIFFITHS, W. E., HILL, R. C., LUTKEPOHL, H., and LEE, T.-C. (1985) The Theory and Practice of Econometrics (2nd ed.). New York: John Wiley.

KING, G. (1989) Unifying Political Methodology: The Likelihood Theory of Statistical Inference. New York: Cambridge University Press.

KING, G. (1991) "Constituency Service and Incumbency Advantage." British Journal of Political Science 21: 119-128.

KREHBIEL, K. (1990) "Are congressional committees composed of preference outliers?" American Political Science Review 84: 149-163.
KRITZER, H. M. (1978) "Ideology and American political elites." Public Opinion Quarterly 42: 484-502.
LAMBERT, Z. V., WILDT, A. R., and DURAND, R. M. (1989) "Approximate confidence intervals for estimates of redundancy between sets of variables." Multivariate Behavioral Research 24: 307-333.
LAMBERT, Z. V., WILDT, A. R., and DURAND, R. M. (1990) "Assessing sampling variation relative to number of factors criteria." Educational and Psychological Measurement 50: 33-48.
LEE, E. S., FORTHOFER, R. N., and LORIMOR, R. J. (1989) Analyzing Complex Survey Data. Sage University Paper series on Quantitative Applications in the Social Sciences, 07-071. Newbury Park, CA: Sage.
LEGER, C., and ROMANO, J. P. (1990) "Bootstrap adaptive estimation: The trimmed-mean example." Canadian Journal of Statistics 18: 297-314.
LIU, R. Y., and SINGH, K. (1988) [Discussion of Hall]. Annals of Statistics 16: 978-979.
LOH, W.-Y., and WU, C. F. J. (1987) [Comment on Efron]. Journal of the American Statistical Association 82: 188-190.
MANSFIELD, E. (1986) Basic Statistics. New York: W. W. Norton.
MANTEL, N. (1967) "Assumption-free estimators using U statistics and a relationship to the jackknife method." Biometrics 23: 567-571.
MARITZ, J. S. (1981) Distribution-Free Statistical Methods. New York: Chapman & Hall.
MASON, R., and BROWN, W. G. (1975) "Multicollinearity problems and ridge regression in sociological models." Social Science Research 4: 135-149.
McCARTHY, P. J. (1969) "Pseudo-replication: Half-samples." Review of the International Statistical Institute 37: 239-264.
MILLER, R. G. (1964) "A trustworthy jackknife." Annals of Mathematical Statistics 35: 1594-1605.
MILLER, R. G. (1974) "The jackknife: A review." Biometrika 61: 1-15.
MOHR, L. B. (1990) Understanding Significance Testing. Sage University Paper series on Quantitative Applications in the Social Sciences, 07-073. Newbury Park, CA: Sage.
MOONEY, C. Z., and DUVAL, R. D. (1992, September) "Bootstrap inference: A preliminary Monte Carlo evaluation." Presented at the annual meeting of the American Political Science Association, Chicago.
NASH, S. W. (1981) [Discussion of Efron]. Canadian Journal of Statistics 9: 163-164.
NOREEN, E. W. (1989) Computer-Intensive Methods for Testing Hypotheses. New York: John Wiley.
POOLE, K. T., and ROSENTHAL, H. (1991) "Patterns of congressional voting." American Journal of Political Science 35: 228-278.
QUENOUILLE, M. H. (1949) "Approximate tests of correlation in time-series." Journal of the Royal Statistical Society, Series B, 11: 68-84.
QUENOUILLE, M. H. (1956) "Notes on bias in estimation." Biometrika 43: 353-360.
RAO, B. L. S. P. (1987) Asymptotic Theory of Statistical Inference. New York: John Wiley.
RAO, J. N. K., and BEEGLE, L. D. (1967) "A Monte Carlo study of some ratio estimators." Sankhya B29: 47-56.
RAO, J. N. K., and WU, C. F. J. (1988) "Resampling inference with complex survey data." Journal of the American Statistical Association 83: 231-241.
ROHATGI, V. K. (1984) Statistical Inference. New York: John Wiley.
RUBIN, D. B. (1981) "The Bayesian bootstrap." Annals of Statistics 9: 130-134.

SAUERMANN, W. (1989) "Bootstrapping the maximum likelihood estimator in high-dimensional log-linear models." Annals of Statistics 17: 1198-1216.
SCHENKER, N. (1985) "Qualms about bootstrap confidence intervals." Journal of the American Statistical Association 80: 360-361.
SCHUCANY, W. R., GRAY, H. L., and OWEN, D. B. (1971) "On bias reduction in estimation." Journal of the American Statistical Association 66: 524-533.
SELVANATHAN, E. A. (1989) "A note on the stochastic approach to index numbers." Journal of Business and Economic Statistics 7: 471-474.
SHAO, J. (1988) "Bootstrap variance and bias estimation in linear models." Canadian Journal of Statistics 16: 371-382.
SHORACK, G. R. (1982) "Bootstrapping robust regression." Communications in Statistics: Theory and Methods 11: 961-972.
SILVERMAN, B., and YOUNG, A. (1987) "The bootstrap: To smooth or not to smooth?" Biometrika 74: 469-479.
SINCLAIR, B. (1989) The Transformation of the U.S. Senate. Baltimore: Johns Hopkins University Press.
SINGH, K. (1981) "On the asymptotic accuracy of Efron's bootstrap." Annals of Statistics 9: 1187-1195.
SINGH, K. (1986) [Discussion of Wu]. Annals of Statistics 14: 1328-1330.
SMITH, T. M. F. (1983) "On the validity of inferences from non-random samples." Journal of the Royal Statistical Society, Series A, 146: 394-403.
SNYDER, J. M., Jr. (1992) "Artificial extremism in interest group ratings." Legislative Studies Quarterly 17: 319-345.
SOBOL, I. M. (1975) The Monte Carlo Method. Moscow: MIR.
SPSS, Inc. (1988) SPSS-X User's Guide (3rd ed.). Chicago: Author.
SRIVASTAVA, M. S., and SINGH, B. (1989) "Bootstrapping in multiplicative models." Journal of Econometrics 42: 287-297.
STINE, R. A. (1985) "Bootstrap prediction intervals for regression." Journal of the American Statistical Association 80: 1026-1031.
STINE, R. A. (1990) "An introduction to bootstrap methods." Sociological Methods and Research 18: 243-291.
TEEBAGY, N., and CHATTERJEE, S. (1989) "Inference in a binary response model with applications to data analysis." Decision Sciences 20: 393-403.
THOMBS, L. A., and SCHUCANY, W. R. (1990) "Bootstrap prediction intervals for autoregression." Journal of the American Statistical Society 85: 486-492.
TIBSHIRANI, R. J. (1988) [Discussion of Hinckley, and DiCiccio and Romano.] Journal of the Royal Statistical Society, Series B, 50: 362-363.
TIKU, M. L., TAN, W. Y., and BALAKRISHNAN, N. (1986) Robust Inference. New York: Marcel Dekker.
TUKEY, J. (1958) "Bias and confidence in not-quite large samples" (abstract). Annals of Mathematical Statistics 29: 614.
U.S. Bureau of the Census (1979) State and Metropolitan Data Book (Statistical Abstract Supplement). Washington, DC: Government Printing Office.
VEALL, M. R. (1987) "Bootstrapping the probability distribution of peak electricity demand." International Economic Review 28: 203-212.
WHITE, K. J., WONG, S. D., WHISTLER, D., and HAUN, S. A. (1990) SHAZAM Econometrics Computer Program: User's Reference Manual (Version 6.2). New York: McGraw-Hill.

译名对照表

Americans for Democratic Action	美国人争取民主行动组织(ADA)
Angoff's delta item bias index	安格夫增量项偏差指标
autoregressive processes	自回归过程
bootstrapped confidence interval method	自助置信区间法
central limit theorem	中心极限定理
Cobb-Douglas multiplicative model	科布-道格拉斯超越对数乘法模型
Cook's D statistic	库克D统计量
double bootstrap	双重自助
eigenvalue	特征值
empirical distribution function	经验分布函数(EDF)
empirical probability distribution	经验概率分布
error rate	误差率
exogenous variable	外生变量
Fisher's transformation	费雪变换
Gauss-Markov theorem	高斯-马尔科夫理论
information matrix	信息矩阵
iteratively estimated statistics	迭代估计统计量
jackknife	刀切法
jackknifed statistics	刀切统计量
Kolmogrov-Smirnov test	K-S检验
maximum likelihood estimate	最大似然估计(MLE)
Monte Carlo sampling	蒙特卡洛抽样法
multimodality	多峰性
multistage cluster sampling plans	多阶段整群抽样方案
nonparametric measure	非参数测量
nonparametric statistics	非参数统计量
normal approximation method	正态近似法
normal pivotal quantity	正态枢轴量

null hypothesis	原假设
order statistics	次序统计量
ordinary least squares	普通最小二乘法(OLS)
percentile method	百分位法
percentile-t method	百分位 t 法
population distribution function	总体分布函数
population standard deviation	总体标准差
product-moment correlation	积矩相关系数
pseudovalue	虚拟值
redundancy statistics	冗余度统计量
re-resample	双重抽样
resample	重抽样,重取样本
ridge regression	岭回归
robust confidence interval	稳健的置信区间
sample coefficient of determination	样本的判定系数
skew and kurtosis estimator	偏峰度估计值
standard error	标准误
switching regression model	切换回归模型
bias-corrected percentile method	偏差矫正百分位法
trimmed mean	截尾均值
type Ⅰ error	第Ⅰ类错误
type Ⅱ error	第Ⅱ类错误
Wilcoxon signed-rank statistic	威尔科克森符号秩统计量
zero correlation	零相关

Bootstrapping: A Nonparametric Approach to Statistical Inference
English language editions published by SAGE Publications of Thousand Oaks, London, New Delhi, Singapore and Washington D.C., © 1993 by SAGE Publications, Inc.

上海市版权局著作权合同登记号:图字 09-2013-596

格致方法·定量研究系列

1. 社会统计的数学基础
2. 理解回归假设
3. 虚拟变量回归
4. 多元回归中的交互作用
5. 回归诊断简介
6. 现代稳健回归方法
7. 固定效应回归模型
8. 用面板数据做因果分析
9. 多层次模型
10. 分位数回归模型
11. 空间回归模型
12. 删截、选择性样本及截断数据的回归模型
13. 应用 logistic 回归分析（第二版）
14. logit 与 probit：次序模型和多类别模型
15. 定序因变量的 logistic 回归模型
16. 对数线性模型
17. 流动表分析
18. 关联模型
19. 中介作用分析
20. 因子分析：统计方法与应用问题
21. 非递归因果模型
22. 评估不平等
23. 分析复杂调查数据（第二版）
24. 分析重复调查数据
25. 世代分析（第二版）
26. 纵贯研究（第二版）
27. 多元时间序列模型
28. 潜变量增长曲线模型
29. 缺失数据
30. 社会网络分析（第二版）
31. 广义线性模型导论
32. 基于行动者的模型
33. 基于布尔代数的比较法导论
34. 微分方程：一种建模方法
35. 模糊集合理论在社会科学中的应用
36. 图解代数：用系统方法进行数学建模
37. 项目功能差异（第二版）
38. Logistic 回归入门
39. 解释概率模型：Logit、Probit 以及其他广义线性模型
40. 抽样调查方法简介
41. 计算机辅助访问
42. 协方差结构模型：LISREL 导论
43. 非参数回归：平滑散点图
44. 广义线性模型：一种统一的方法
45. Logistic 回归中的交互效应
46. 应用回归导论
47. 档案数据处理：生活经历研究
48. 创新扩散模型
49. 数据分析概论
50. 最大似然估计法：逻辑与实践
51. 指数随机图模型导论
52. 对数线性模型的关联图和多重图
53. 非递归模型：内生性、互反关系与反馈环路
54. 潜类别尺度分析
55. 合并时间序列分析
56. 自助法：一种统计推断的非参数估计法
57. 评分加总量表构建导论